HVAC SYSTEMS DESIGN FOR
LABORATORY ANIMAL FACILITIES

实验动物设施
暖通空调设计

高克文　余俊祥　杨　毅◎著

ZHEJIANG UNIVERSITY PRESS
浙江大学出版社
·杭州·

图书在版编目(CIP)数据

实验动物设施暖通空调设计/ 高克文,余俊祥,杨
毅著. —杭州:浙江大学出版社,2023.8
ISBN 978-7-308-24251-6

Ⅰ.①实… Ⅱ.①高…②余…③杨… Ⅲ.①动物学
－实验室－采暖设备－建筑设计②动物学－实验室－通风
设备－建筑设计③动物学－实验室－空气调节设备－建筑
设计 Ⅳ.①TU83

中国国家版本馆 CIP 数据核字(2023)第 182547 号

实验动物设施暖通空调设计

高克文　余俊祥　杨　毅　著

责任编辑	许艺涛
责任校对	张凌静
封面设计	雷建军
出版发行	浙江大学出版社
	(杭州市天目山路 148 号　邮政编码 310007)
	(网址:http://www.zjupress.com)
排　　版	浙江时代出版服务有限公司
印　　刷	杭州高腾印务有限公司
开　　本	710mm×1000mm　1/16
印　　张	13.75
字　　数	184 千
版 印 次	2023 年 8 月第 1 版　2023 年 8 月第 1 次印刷
书　　号	ISBN 978-7-308-24251-6
定　　价	68.00 元

前　言

科技部早在《科研发展"九五"计划和 2010 年远景目标纲要》中就明确提出实验动物、设备、信息和试剂是科学研究的四大基本条件。实验动物是支撑生命科学与医学基础研究,推动新药创新技术不可缺少的资源条件,特别是新冠疫情暴发以来,实验动物在明确病毒传播途径、药物筛选以及验证疫苗有效性等方面具有重要的作用。而为了生产合格的实验动物,进行规范化的动物实验,实验动物设施是必要的保障体系和支撑条件,可以说,实验动物设施及其相关领域的发展与实验动物科学的进步相辅相成。我国实验动物设施的规范化建设起步较晚但发展迅速。1988 年《实验动物管理条例》实施之后我国的实验动物管理走上了法治化轨道,1994 年《实验动物 环境及设施》(GB 14925)的发布实施为实验动物设施的标准化建设奠定了良好基础,2008 年为配合国标 GB 14925 的实施,《实验动物设施建筑技术规范》(GB 50447)开始实施,用于指导实验动物设施的设计、施工和工程验收。

实验动物设施的暖通空调系统非常复杂,需要融合动物管理要求、科研要求、运营要求以及节能环保要求,因此它的设计、招标、施工及调试各个环节都对设计师的专业性提出了更高的要求。不同动物的实验室和饲养室对室内环境要求迥异,其空调系统的具体做法,厘清头绪需要查阅大量的文献资料,特别是对于刚接触实验动物设施设计的暖通工程师来说非常具有挑战性,急需一本系统介绍实验动物设施暖通空调系统的设计指南。浙江大学建筑设计研究院有限公司暖通团队深耕特殊复杂环境工程设计领域,在相关课题研究与工程实践方面成果颇丰,团队已相继出版《医院洁净空调设计与运行管理》《疾病预防控制中心暖通空调设计》等专著,早在2005年就开始从事实验动物设施的设计和咨询工作,近年来又相继完成了浙江省疾病预防控制中心实验动物中心、浙江大学实验动物中心、西湖大学实验动物中心、海南兽医公共卫生研究中心等重点项目的设计任务,在实验动物设施这类特殊环境的建设领域积累了丰富的工程设计经验。本书就是笔者所在团队在众多项目的总结基础之上提炼而成的,系统介绍了实验动物设施设计过程中的重点难点,希望能给暖通设计同行有所借鉴与帮助。

在本书的编写过程中,我们请教了包括动物管理领域、净化空调设计领域在内的众多业内专家,查阅了大量技术文献,书中部分内容引用了他们的研究成果,已将其列在参考文献中,在此表示郑重感谢。

感谢浙江大学实验动物中心的各位领导、老师,为设计人员与使用人员之间搭建了深入沟通的桥梁,从用户的角度为实验动物设施的设计人员提供了翔实的一手资料,为本书的编写奠定了坚实的基础。

在编写过程中,北京华创瑞风空调科技有限公司、上海埃松气流控制技术有限公司、泰尼百斯实验室设备贸易(上海)有限公司、克莱门特捷联制冷设备(上海)有限公司等厂家朋友为本书提供了技术资料和照片,在此表示感谢。

成书仓促,再加上实验动物技术领域的飞速发展,书中难免有不妥之处,欢迎同行批评指正,在此一并表示感谢。

高克文

2022 年 9 月

目 录

1 绪 论

1.1 实验动物的基本概念

国家标准《实验动物 环境及设施》(GB 14925—2010)中对"实验动物"做了明确定义:"实验动物是指经人工培育或人工改造,对其携带的微生物实行控制,其遗传背景明确,来源清楚,用于科学实验、药品、生物制品的生产和检定及其他科学实验的动物。"

根据《实验动物 微生物学等级及监测》(GB 14922.2—2011)规范规定,实验动物按微生物学等级可分为四类。

(1)普通级动物(conventional animal):不携带所规定的人兽共患病病原和动物烈性传染病病原的实验动物,简称普通动物。普通级动物饲养在开放环境中,是微生物等级要求最低的动物。普通级动物多用于探索性实验和教学实验,即使是普通级动物,在饲养时也要具有良好的饲养设施,在饲养管理中采取一定的防护措施。

(2)清洁级动物(clean animal):除普通级动物应排除的病原外,不携带对动物危害大和对科学研究干扰大的病原。清洁级动物相比普通级动物健康,在动物实验室中免受疾病的干扰,其敏感性与重复性较好,适用于大多数教学和科研实验。

（3）无特定病原体级动物（specific pathogen free animal）：除清洁级动物应排除的病原外，不携带主要潜在感染或条件致病和对科学实验干扰大的病原。SPF级动物的饲养必须实行严格的微生物学控制。国际上公认SPF级动物适用于所有科研实验，是目前国际标准级别的实验动物，各种疫苗等生物制品所采用的动物应为SPF级动物。

（4）无菌级动物（germ free animal）：无可检出的一切生命体。无菌级动物通常来源于剖宫产或无菌卵的孵化，某些因使用大量抗生素而暂时无菌的普通级动物不能称为无菌级动物，无菌级动物必须生来就是无菌的。无菌级动物在病毒病研究、放射医学研究、营养代谢研究、心血管疾病研究、毒理学研究、肿瘤研究等方面均发挥了独特作用。

还有一种特殊的实验动物——悉生动物，悉生动物（gnotobiotic animal）也称已知菌动物或已知菌丛动物，它来自无菌动物，在无菌动物体内植入已知微生物。悉生动物可分为单菌、双菌、三菌及多菌动物。悉生动物的生活力较强，在有些实验中可作为无菌动物的代用动物，例如在免疫学实验中，无菌动物不发生迟发性过敏反应，而感染一种大肠杆菌的悉生动物就可以发生迟发性过敏反应。

从遗传学角度来讲，实验动物是具有明确遗传背景并受严格遗传控制的动物。根据遗传特点的不同，可以将实验动物分为近交系（inbred strain）、封闭群（closed colony or outbred stock）以及杂交群（hybrids）。由于实验动物设施环境控制主要与实验动物的微生物学等级相关，因此实验动物的遗传学分类本书不作展开。

1.2 常用实验动物的特点及要求

1.2.1 小鼠

小鼠,学名 *Mus musculus*,在生物分类学上属于脊索动物门、哺乳纲、啮齿目、鼠科、小鼠属、小家鼠种,是生物医学研究和药品、生物制品检定领域应用最广泛的实验动物。

小鼠体型较小,出生时仅重 1.5g,体长 20mm 左右,其发育较快,生长周期短,3 周龄可脱乳独立生活,1 月龄体重达 18～22g,可供实验使用,6～7 周时性成熟。成年小鼠体重可达 30～40g,体长 110mm 左右,寿命一般为 2～3 年。

小鼠对外界环境的变化敏感,不耐冷热,小鼠体温正常情况下为 37～39℃,因环境温度波动产生的生理学变化相当大,小鼠特别怕热,如果饲养室温度超过 32℃,常会造成小鼠死亡。小鼠对疾病抵抗力差,不耐强光和噪声,小鼠习惯于昼伏夜出,其进食、交配、分娩多发生在夜间。

小鼠因其体型小、生长周期短、成熟快、繁殖能力强等特点,特别适于大量繁育。而且小鼠性情温顺,在用于实验研究时易于抓捕及操作,是理想的实验动物。

1.2.2 大鼠

大鼠,学名 *Rattus norvegicus*,在生物分类学上属于脊索动物门、哺乳纲、啮齿目、鼠科、大鼠属、褐家属种。大鼠是野生褐家鼠的变种,18 世纪后期开始人工饲养,19 世纪国内外已经用作实验动物进行实验。现今世界各国使用的大鼠大致是 wistar 品系大鼠,但为适应各种实验的需要已

3

培育出 200 多个品系。大鼠主要应用于药物研究、行为学研究、肿瘤学研究、内分泌研究、感染性疾病研究、营养学和代谢疾病的研究、肝脏外科学研究、遗传学研究、老年病学研究、放射学研究等。

成鼠一般体长为 16～21cm，体重 250～450g，雄鼠较大，毛色纯白，被毛致密紧披有光泽，头面尖突，嘴脸前部有较硬的触毛，眼大明亮，虹膜呈粉红色。尾长一般为 16～18cm，尾上长有短毛和环状的角质小鳞片，有 300 多片，用蹠步行。大鼠为全年多次发情动物，雄鼠 2 月龄、雌鼠 2.5 月龄达到性成熟，性周期为 4.4～4.8d，妊娠期为 19～21d，哺乳期为 21d。大鼠对噪声敏感，噪声会造成其内分泌紊乱、性功能减退。大鼠对空气中的氨气、硫化氢极为敏感，大鼠对湿度要求非常严格，如果室内过于干燥，易发生环尾病，湿度过高又会造成呼吸系统疾病。大鼠是昼伏夜出的杂食性动物，晚上活动量大，每天的饲料消耗量为 5g/100g 体重，饮水量为 8～11mL/100g 体重，排尿量为 5.5mL/100g 体重。

大鼠体型适中，繁殖快，产仔多，易饲养，给药方便，采样量最合适且容易，畸胎发生率低，行为多样化，在实验研究中应用广泛，数量上仅次于小鼠。

1.2.3 豚鼠

豚鼠，学名 *Cavia porcellus*，又名天竺鼠、荷兰猪，在生物分类学上属于脊索动物门、哺乳纲、啮齿目、豚鼠科、豚鼠属。由于豚鼠性情温顺，后被人工驯养，1780 年首次用于热原试验，现分布于世界各地。作为选择育种的结果，存在 20 种不同表型的毛发颜色，并且存在 13 种不同表型的毛发质地和长度。豚鼠广泛应用于药物学研究、传染病学研究、免疫学研究、营养学研究、耳科学研究、悉生学研究等。

豚鼠的体形在啮齿类动物中偏大，体重为 0.7～1.2kg，体长为 20～25cm，身材短小但是强壮有力，头较大，是身体的 1/3，眼睛大而圆，耳朵短小贴着头部,毛发粗糙而且很容易脱落,没有尾巴。豚鼠是非季节性的连续多次发情动物。豚鼠的性成熟,雌性为 30～45 日龄,雄性为 70 日龄,豚鼠生育期约为 1.5 年,豚鼠的寿命为 4～5 年。

豚鼠听觉好,胆小、易受惊吓,因此环境应保持安静,噪声在 50dB 以下。最适温度为 20～24℃,当室内温度反复变化比较大时,容易造成豚鼠自发性疾病流行;超过 30℃时,豚鼠体重减轻,流产、死胎、死亡率高;低于 15℃时,繁殖率、生长发育率降低,疾病发生率上升。湿度应保持在 40%～60%,湿度过高或过低都会导致豚鼠抵抗力下降,易患疾病。氨浓度在 20mg/L 以下,氨浓度的高低与豚鼠肺炎发病率密切相关。豚鼠需要一定的活动面积,哺乳期所需活动面积更大,一般体重为 300g 的豚鼠大约需要 300cm^2 的活动面积,800g 的豚鼠则需 1000cm^2。

1.2.4 鸡

鸡,学名 *Gallus domesticus*,生物学分类为脊索动物门、鸟纲、鸡形目、雉科、原鸡属、红原鸡种。鸡是生物学研究中最常用的禽类动物,SPF 鸡在生物医学研究的许多领域中应用。鸡的品种很多,作为实验动物,除少数用鸡本身外,大多数用鸡胚做实验,鸡胚是生产小儿麻疹疫苗、黄热病疫苗、狂犬病疫苗的主要材料,鸡还可用于病毒致肿瘤机制的研究、激素代谢的研究、感染性疾病的研究、营养学研究,也可以作为研究高脂血症、动脉粥样硬化的动物模型。

初出壳的雏鸡体温比成年鸡低 3℃,要 10d 后才能达到正常体温,加上雏鸡绒毛短而稀,不能御寒,所以对环境的适应能力不强,必须依靠人工保温,雏鸡才能正常生长发育。1～30d 的雏鸡都要保温,并放在清洁卫生的环境中饲养。30d 以上的小鸡,羽毛基本上长满长齐,可以不用保温。一般鸡的体温在 40.8～41.5℃,所以必须在冬暖夏凉、通风良好的环境中饲养。另外,鸡的消化道短,新陈代谢旺盛,生长发育快,因此要喂给营养充足、易消化的饲料才能满足需要。

鸡的抵抗力弱,特别是雏鸡,很容易受到有害微生物的侵袭。因此,除做好环境的清洁卫生外,还要做好预防工作,如鸡舍严禁外人进出,环境和笼具要消毒,各种鸡都要定期注射各种预防针。鸡神经质、易惊恐,异常的声响、闪烁的光照、明暗阴影的变化、气压的变化都有可能导致歇斯底里地发作、乱飞、挤成一团。鸡怕潮湿,宜在干爽通风的环境中生长,如果环境潮湿,一些病原菌和霉菌易于生长繁殖,如果鸡舍内潮湿,鸡粪会发酵产生有毒气体,使鸡容易得病。

1.2.5　家兔

家兔,学名 *Oryctolagus cuniculus*,生物学分类为脊索动物门、哺乳纲、兔形目、兔科、穴兔属、穴兔种。家兔是由野生的穴兔经过驯化饲养而成的。家兔是制备免疫血清最理想的动物。除此之外,还应用于药品、生物制品检验,兽用生物制品的制备,破骨细胞的制备,眼科学的研究,皮肤反应实验等。

大型家兔如公羊兔,体重可达 8kg,而体型较小的荷兰侏儒兔,成年时的体重还不到 1kg。上唇分裂,称为兔唇,常暴露出上门齿。前肢短,肘部向后弯曲,后肢长而强壮,膝部向前弯曲,善于奔跑和跳跃。耳朵长,尾巴短,全身被毛,体表的毛光滑柔软,有很好的保温作用。家兔生长发育迅速,1 月时体重即为初生的 10 倍,属于常年多发情动物,性周期一般为 8～15d,妊娠期为 30～33d,哺乳期为 25～45d,正常繁殖年限为 2～3 年,雌兔有产后发情现象。

家兔夜间十分活跃,白天十分安静,有食粪癖,听觉和嗅觉都十分灵敏,突来的噪声、气味等会对其造成惊吓,喜欢居住在安静、干燥、凉爽的环境中,对湿度大的环境尤其不适应。家兔对环境温度变化的适应性有明显的年龄差异,幼兔比成年兔可耐受较高的环境温度,初生仔兔体温调节系统发育很差,因此体温不稳定。初生仔兔窝内温度为 30～32℃,成年兔为 15～20℃,一般不低于 5℃,不高于 25℃。

1.2.6 猫

猫,学名 *Felis catus*,在生物分类学上属于哺乳纲、食肉目、猫科、猫属、猫种。猫可耐受麻醉及脑的部分破坏手术,在手术时可以保持正常血压,猫的反射功能与人类似,循环系统、神经系统和肌肉系统发达,主要应用于中枢神经系统研究、药理学研究、循环生理研究等。

猫体型差异小,成年猫体长一般 40～45cm,雄性体重 2.5～3.5kg,雌性体重 2～3kg,寿命为 8～14 年。猫属于季节性多次发情动物,交配期每年 2 次(春季和秋季)。猫很少群居,对周围环境变化敏感,喜爱明亮且干燥的环境,有固定大、小便的习惯,便后立即掩埋。实验用猫通常选用短毛猫,长毛猫易污染实验环境,体质较弱,且实验耐受性差,不宜选用。

1.2.7 猪

猪,学名 *Susscrofa domestica*,在生物分类学上属于哺乳纲、偶蹄目、野猪科、猪属。猪和人在解剖、生理学上包括皮肤、心血管、消化道、免疫系统、肾、眼球、牙齿等方面有很大的相似性,主要应用于皮肤烧伤的研究、肿瘤研究、免疫学研究、心血管病研究、营养学研究、遗传疾病研究等。

猪是一种杂食类哺乳动物,身体肥壮,成年小型猪的体重一般在 80kg以下,四肢短小,鼻子口吻较长,性格温驯,适应力强,繁殖快。有黑、白、酱红或黑白花等色。出生后 5～12 个月可交配,妊娠期约为 4 个月,寿命最长达 27 年,平均为 16 年。

1.2.8 狨猴

普通绵耳狨猴,学名 *Callithrix jacchus*,在生物分类学上属于脊索动物门、真兽亚纲、类人猿亚目、阔鼻下目、悬猴上科、狨科、狨属。狨猴在生物医学领域研究较为广泛,尤其在生殖生物学、神经科学、药物动力学及药物的毒性筛查、干细胞研究、自身免疫性疾病、感染性疾病研究等方面具有较大潜能。目前,基因修饰技术不断更新和发展,为非人灵长类转基因动物制作创造了很多机遇,狨猴因生物学特性、饲养成本、繁殖效率等方面的特定优势,成为开发人类疾病模型最具潜力的实验动物之一。

狨猴体型较小,成年体长(182 ± 17)mm,体重(375 ± 38)g,易于捕捉和固定,采食量少且所需活动空间小从而降低了饲养成本。人工繁育的狨猴寿命一般为(148.5 ± 6.1)个月,喜群居,一般每个群体的成员数量在10只左右,彼此可通过复杂的发音进行个体和群体间交流,每个家族中只有一只雌性狨猴有交配权力,多数狨猴是一雌一雄制,家庭长幼等级明确,哺乳期的幼猴多由雄猴或者稍大的子猴看抚。狨猴繁殖效率较高,生育期雌猴全年均可发情,属非季节性繁殖动物,一年可生2胎,产仔率是其他灵长类动物的5倍。

野生狨猴主要栖息于热带雨林或热带森林草原的树冠上层,很少在地面活动,一般白天觅食,晚上睡在树洞里。由于它们生活在南美洲的热带雨林中,所以在实验室饲养区内必须保持较高的温度和湿度。狨猴饲养笼舍面积为$13\sim15m^2$($1.0\sim1.3m^2$/只),以同时容纳$15\sim20$对狨猴为标准。为了便于清洗,地面一般为水泥地或水磨石,室温维持在$25\sim30℃$,全天不得低于$20℃$,一般$25℃$左右较适宜,室内温度应保持均匀恒定,温差越小越好,相对湿度为$40\%\sim70\%$。每天光照时间为$7:30—19:30$,其间$8:30—16:30$为太阳光全波谱光线,其余时间采用一般照明用日光灯$(40W)$,以便昼行性的狨猴有适应光线变化的过程,从而避免狨猴由于光线骤变而产生惊吓。每小时通风$10\sim12$次,以促进空气交换。噪声不宜超过$60dB(A)$。

1.2.9 猕猴

猕猴，学名 *Macaca mulatta*，在生物分类学上属于脊索动物门、哺乳纲、灵长目、猴科、猕猴属、猕猴种。猕猴的生物学特性与人类极其相似，所以是医学和生物学研究最重要的动物模型。目前广泛应用于环境卫生、传染性疾病、神经动物学、病理学、生殖生理、心血管代谢和免疫性疾病、发育生物学、内分泌学、免疫遗传、肿瘤治疗等研究。

猕猴是自然界中最常见的一种猴，头长 47～64cm，尾长 19～30cm，雄猴体重 7.7kg，雌猴体重 5.4kg，在饲养条件下寿命长达 25～30 年。雌猴 2.5～3 岁性成熟，雄猴 4～5 岁性成熟，一般 11 月至 12 月发情，次年 3 月至 6 月产仔，或 3 年生 2 胎，每胎产 1 仔。猕猴一般生活在山林区，群居性强，猕猴是杂食性动物，以素食为主。猕猴神经系统较发达，视觉较人敏感，但嗅觉较差。

1.2.10 斑马鱼

斑马鱼，学名 *Brachydanio rerio*，在生物分类学上属于脊索动物门、辐鳍鱼纲、鲤形目、鲤科、鲌属、斑马鱼种。斑马鱼和人类基因有着 87% 的高度相似性，作为模式生物的优势很突出。与传统的免疫学模式生物相比，斑马鱼体型小，子代数量多，培育要求低，饲养成本低，胚胎透明，便于大规模研究，可用于发育生物学研究、遗传学研究、免疫学研究、神经系统研究、生殖系统研究、视网膜修复研究、听觉修复研究、环境检测和毒性检测等。

斑马鱼是一种热带鱼品种，一般 6 月龄性成熟，卵生，寿命为 2～3 年。斑马鱼体长 4～6cm，体呈长菱形，背部橄榄色，体侧从鳃盖后直伸到尾末有数条银蓝色纵纹，臀鳍部也有与体色相似的纵纹，尾鳍长而呈叉形。斑马鱼的繁殖用水要求 pH 6.5～7.5，硬度 6～8，对水质要求不高，饲养水温以 22～26℃为宜,发育温度在 25～31℃,耐温性和耐寒性较强,在水温 11～15℃时仍能生存。对食物不挑剔,各种动物性饵料或干饲料都能食用,而且很少患病,极易饲养,繁殖箱底铺一层小卵石作为鱼卵的庇护所。

1.3 实验动物福利

随着社会的进步和科学的发展,实验动物福利伦理问题日益受到社会的关注。根据世界动物卫生组织《陆生动物卫生法典》的定义,实验动物福利(laboratory animal welfare)是指人类保障动物适应其所处的环境,满足其基本的自然需求,包括健康安全、感觉舒适、营养充足、能够自由表达天性且不受痛苦、恐惧和压力威胁。实验动物伦理(laboratory animal ethics)是人类对待实验动物和开展动物实验所需遵循的社会道德标准和原则理论。善待实验动物应遵守国际上公认的 3R 原则,即实验动物的替代(Replacement)、减少(Reduction)和优化(Refinement)。替代就是使用低等级动物代替高等级动物,或不使用动物而采用其他方法达到与动物实验相同的目的。减少就是为获得特定数量及准确的信息,尽量减少实验动物使用数量。优化就是对必须使用的实验动物,应尽量降低非人道方法的使用频率或危害程度。

人道终点即可视为一种优化策略,其目的是尽可能减轻实验期间动物所遭受的疼痛和痛苦,或缩短动物承受疼痛或痛苦的时间长度,安乐死术作为一种解除疼痛和痛苦的方式在实际应用中应受到足够的重视。自 2021 年 10 月 1 日施行的国家标准《实验动物 安乐死指南》规范了实验动物安乐死的基本原则、实施条件、药物选择、常用方法等。常用实验动物的安乐死方法如表 1-1 所示。

表 1-1 常用安乐死方法

安乐死方法	>14 日龄且体重 <200g 啮齿类动物	200～1000g 啮齿类动物/兔	兔	犬	猫	猴	牛、马、猪
静脉注射巴比妥类药物注射液	Y	Y	Y	Y	Y	Y	Y
腹腔注射巴比妥类药物注射液	Y	Y	Y	X	Y	X	Y
二氧化碳（CO_2）	Y	Y	Y	X	X	X	X
先麻醉，后采血（放血）致死	Y	Y	Y	Y	Y	Y	Y
先麻醉，后静脉注射氯化钾 1～2meq/ kg)	Y	Y	Y	Y	Y	Y	Y
先麻醉，后断颈	Y	Y	N	X	X	X	X
先麻醉，后颈椎脱臼	Y	Y	X	X	X	X	X
动物清醒中直接断颈（头）	N	N	N	X	X	X	X
动物清醒中直击颈椎脱臼	N	X	X	X	X	X	X
电昏后放血致死	X	X	X	X	X	X	Y

注：Y—建议使用；X—不得使用；N—不推荐，除非实验需要（操作人员操作熟练；通过审核）。

国际上公认的人工饲养的动物应享有"五项自由"，具体包括：免于饥渴的自由，即保障有新鲜的饮水和食物，以维持健康与活力；免于不适的自由，即提供舒适的栖息环境；免于痛苦、伤害和疾病的自由，即享有预防和快速的诊治；表达主要天性的自由，即提供足够的空间、适当的设施和同类的社交伙伴；免于恐惧和焦虑的自由，即保障良好的条件和处置，不造成动物的精神压抑和痛苦。正是根据"五项自由"的标准，世界上已有 100 多个国家建立了完善的动物福利法规。

为进一步提高实验动物管理工作的质量和水平，2006 年中国制定并印发了《关于善待实验动物的指导性意见》，该意见要求各生产单位和使用单位应设立实验动物管理委员会（或实验动物道德委员会、实验动物伦理委员会等)保证实验动物设施、环境符合善待实验动物的要求。2018年发布的标准《实验动物 福利伦理审查指南》规定了实验动物生产、运输和使用过程中的福利伦理审查和管理要求。实验动物从业单位应设立由实验动物专家、兽医、管理人员、使用动物的科研人员、公众代表等不同方面的人员组成的实验动物管理和使用福利伦理委员会(IACUC)负责本单位的福利伦理审查和监管,受理相应的举报和投诉。福利伦理审查应遵循"八项原则",具体如下。

一是必要性原则,即实验动物的饲养、使用和任何伤害性的实验项目必须以有充分的科学意义和必须实施的理由为前提。禁止无意义滥养、滥用、滥杀实验动物。禁止无意义的重复性试验。

二是保护原则,即对确有必要进行的项目,应遵守3R原则,对实验动物给予人道的保护。在不影响项目实验结果的科学性的情况下,尽可能采取替代方法、减少不必要的动物数量、降低动物伤害使用频率和危害程度。

三是福利的原则,即尽可能保证善待实验动物。实验动物生存期间包括运输中尽可能多地享有动物的五项权利自由,保障实验动物生活自然及健康和快乐。各类实验动物管理和处置,要符合该类实验动物规范的操作技术规程。防止或减少动物不必要的应激、痛苦和伤害,采取痛苦更少的方法处置动物。

四是伦理原则,即尊重动物生命的权益,遵守人类社会公德。制止针对动物的野蛮或不人道的行为;实验动物项目的目的、实验方法、处置手段应符合人类公认的道德伦理价值观和国际惯例。实验动物项目应保证从业人员和公共环境的安全。

五是利益平衡性原则,即以当代社会公认的道德伦理价值观,兼顾动物和人类利益,在全面、客观地评估动物所受的伤害和人类由此可能获取的利益基础上,负责任地出具实验动物项目福利伦理审查结论。

六是公正性原则,即审查和监管工作应保持独立、公正、公平、科学、民主、透明、不泄密,不受政治、商业和自身利益的影响。

七是合法性原则,即项目目标、动物来源、设施环境、人员资质、操作方法等各个方面不应存在任何违法违规或违反相关标准的情形。

八是符合国情原则,即应遵循国际公认的准则和我国传统的公序良俗,符合我国国情,反对各种激进的理念和极端的做法。

实验动物设施的设计过程中需要实实在在地贯彻动物福利的理念,如为非人灵长类提供栖木和蔽障,为猫提供层架笼,为犬提供玩具,为啮齿类提供木质磨牙棒和筑巢工具等。根据动物的特性丰富改善设施结构并提供相关资源,促进动物的各项活动,帮助动物更好地适应环境,从而加强动物福利。复杂化丰富化的实验动物饲养区可以增加实验动物的活动性,有利于动物物种特异性行为的表达,同时对空间的需求也有所增大。

1.4 实验动物许可证管理

1988 年 10 月 31 日,国务院批准了国家科委制定的《实验动物管理条例》,并于 1988 年 11 月 14 日以国家科委令第 2 号发布,该条例第六条规定:"国家实行实验动物的质量监督和质量合格认证制度。具体办法由国家科学技术委员会另行制定。"为贯彻条例的规定,1997 年 12 月,科技部发布了《实验动物质量管理办法》,该办法明确"实验动物生产和使用,实行许可证制度。实验动物生产和使用单位,必须取得许可证。实验动物生产许可证,适用于从事实验动物繁育和商业性经营的单位。实验动物使用许可证,适用于从事动物实验和利用实验动物生产药品、生物制品的单位"。2001 年,科技部、卫生部、教育部、农业部、国家质量监督检验检疫局、国家中医药管理局、中国人民解放军总后勤部卫生部等七部委联合发布了《实验动物许可证管理办法(试行)》,该办法规定了从事实验动物生产、使用的单位和个人必须首先取得实验动物生产、使用许可证。该办法分为总则、申请、审批和发放、监督和管理以及附则,具体内容详见附录 A。《实验动物许可证管理办法(试行)》是推进实验动物标准化进程的主要步骤,奠定了实验动物的标准化管理的基础,对促进我国生物医药、生命健康等领域研究起到了极其重要的作用。

20 多个省(区、市)跟进颁布了地方性法规规范实验动物管理,地方政府为实验动物许可证安全管理提供了有力的制度支撑保障,完善了实验动物管理的体制机制。根据全国实验动物许可证查询管理系统的 31 个省(区、市)数据统计显示,截至 2018 年底,全国获得实验动物许可证的单位共 2114 家,其中获得实验动物生产许可证的单位有 422 家,获得实验动物适用许可证的单位有 1692 家,其中江苏省、北京市、上海市、广东省、四川省、浙江省等地区实验动物生产和使用许可证数量居前列。表 1-2 为 2011—2015 年浙江省内实验动物机构的分布情况,由地域分布结果可见,在省会城市和经济较发达地区,实验动物机构分布较为密集。

表 1-2　2011—2015 年浙江省内实验动物机构地域分布情况

单位:家

地区	生产	使用	合计	如按同一机构计 1 次,合计
杭州	7	36	43	36
宁波	5	11	16	14
湖州	1	1	2	2
嘉兴	2	2	4	3
金华	1	1	2	2
绍兴	2	1	3	2
台州	0	5	5	5
衢州	0	1	1	1
温州	2	2	4	2
舟山	0	3	3	3

续表

地区	生产	使用	合计	如按同一机构计1次,合计
丽水	0	0	0	0
合计	20	63	83	70

1.5 标准规范与相关组织

笔者针对实验动物用房总结其适用的规范及设计指南,如表 1-3 所示。

表 1-3 实验动物用房设计依据与参考

	名称	年份
国外规范及设计指南	Guide for the Care and Use of Laboratory Animals	2011
	ASHRAE Laboratory Design Guide	2015
	Planning and Organization of Laboratory Animal Housing Units and Laboratories	2015
	Cage Processing in Animal Facilities	2016
	NIH Design Requirements Manual	2016
	Heating,Ventilation,and Air Conditioning：Addendum to the CCAC Guidelines on Laboratory Animal Facilities-Characteristics，Design and Development	2019
	CCAC Guidelines on Laboratory Animal Facilities-Characteristics，Design and Development	2020
	Biosafety in Microbiological and Biomedical Laboratories	2020
国内规范及设计指南	实验动物独立通气笼盒系统设计与应用	2008
	实验室 生物安全通用要求 GB 19489	2008
	实验动物设施建筑技术规范 GB 50447	2008

续表

	名称	年份
国内规范及设计指南	实验动物 环境及设施 GB 14925	2010
	实验动物机构 质量和能力的通用要求 GB/T 27416	2014
	生物安全实验室建筑技术规范 GB 50346	2011
	洁净厂房设计规范 GB 50073	2013
	科学实验建筑设计规范 JGJ 91	2019

由于规范及设计指南在不断地更新修订,读者在设计参考时应以实时最新版本为准。表1-3所列均为针对实验动物用房在建设过程中可能会用到的一些专业标准或技术指南,并不含通用标准、消防标准等,在实际建设过程中,还应遵守其他相关的工程标准,敬请读者周知。除上述规范与设计指南外,还有许多动物实验室相关的专业协会与组织,它们会定期发布一些与动物实验室相关的资料,对动物实验室的设计、运维等具有一定的参考价值。

(1)中国实验动物学会

中国实验动物学会是我国实验动物科技工作者的学术组织,经民政部批准于1987年成立。中国实验动物学会围绕《中国实验动物学会章程》中的规定开展业务活动,其范围包括:开展国内外实验动物科学技术的学术交流;编辑出版实验动物学术期刊、图书资料及电子音像制品;编制和发布实验动物学科、科技和产业发展战略研究报告;开展民间国际科技交流活动,促进国际科技合作,发展与国(境)外实验动物团体和科技工作者的联系和交往;开展对会员和实验动物科技工作者的知识技能培训和岗位培训、专业继续教育等工作。

(2)全国实验动物标准化技术委员会

全国实验动物标准化技术委员会(SAC/TC 281)为国家标准化管理委员会直属标准化组织,秘书处设在中国医学科学院实验动物研究所。全国实验动物标准化技术委员会的成立,标志着我国实验动物科学研究及产业标准化工作进入了崭新阶段,向管理科学化、市场规范化迈出了坚实的一步。全国实验动物标准化委员会下设若干专业组,充分发挥行业机构和企业的作用,同时积极争取国家有关部门与其他行业技术机构的支持和配合,共同开创实验动物科学标准化工作的新局面。主要工作范围包括:在实验动物专业领域内,负责实验动物相关标准化技术归口工作;负责组织实验动物国家标准和行业标准的制(修)订和复审工作;负责组织实验动物国家标准和行业标准的宣传、解释、咨询等技术服务工作;提出实验动物专业标准的制定、修订计划项目的建议;参与国际标准的制(修)订和引进等工作。

(3)中国合格评定国家认可委员会(China National Accreditation Service for Conformity Assessment,CNAS)

中国合格评定国家认可委员会是根据《中华人民共和国认证认可条例》的规定,由国家认证认可监督管理委员会批准设立并授权的国家认可机构,统一负责对认证机构、实验室和检验机构等相关机构的认可工作。《CNAS—RL08 实验动物饲养和使用机构认可规则》规定了实验动物机构认可体系运作的程序和要求。《CNAS—CL60 实验动物饲养和使用机构质量和能力认可准则》指导实验动物机构通过对涉及动物生产繁育和使用全周期的过程进行管理,实现科学和人道地对待动物,保证实验动物和动物实验室的质量,保证员工职业健康,保证安全和环境友好等。

(4)国际实验动物评估和认可委员会(Association for Assessment and Accreditation of Laboratory Animal Care,AAALAC)

AAALAC 是一个权威的评估和认证动物饲养和使用标准的国际机构,它要求在生物科学、医药领域人道、科学地对待动物。为了保证和推动动物实验的质量,美国食品药品监督管理局(Food and Drug Administration,FDA)和欧共体强力推荐在有 AAALAC 认证的实验室开展动物实验。AAALAC

发布的 *Guide for the Care and Use of Laboratory Animals*《实验动物饲养管理和使用指南》于 1963 年首次出版,是国际公认的动物饲养管理和使用的主要参考文献,美国公共卫生管理政策亦要求使用该指南。全球已有几百家制药和生物技术公司、大学、医院和其他研究机构获得了 AAALAC International 认证。

(5)欧洲实验动物科学协会联盟(Federation of European Laboratory Animal Science Association,FELASA)

FELASA 下设实验动物科学教育和培训委员会与卫生监测认可委员会,分别建立各自所辖领域的认可体系,制定相关指南文件。实验动物科学教育和培训委员会为确保从事实验科学研究、检测相关人员教育和培训的质量,对实验动物从业人员"能力"进行认可。卫生监测认可委员会通过对科研、检测机构实验中所使用的动物的健康状况的监测计划的认可,促进确保动物实验所获得实验结果的可靠性和重复性。

(6)加拿大实验动物管理委员会(Canadian Council on Animal Care,CCAC)

CCAC 成立于 1968 年,1982 年改为独立社团组织,是加拿大有关动物使用的主要咨询和评审机构。CCAC 核心任务是通过培训、评估、诱导劝说等方式敦促使用动物单位按照科学方法进行动物实验,其主要任务是起草指南和制定政策对实验动物的饲养和使用进行管理以及监督相关单位落实政策和指南等。CCAC 于 1993 年发布了第一版 *Guide to Care and Use of Experimental Animals*《实验动物使用管理指南》,包含动物福利评估、抗体产生、人道终结、安乐死、农牧业、实验动物设施、动物采购、方案审查以及人员培训等部分。其中"实验动物设施"部分详细描述了实验动物设施的基本构成、功能性辅助设施、工艺流线、机电设备管道系统、施工与调试等,还专门发布了暖通空调系统的相关设计专篇,对设计人员、施工人员以及使用管理人员均有助益。

参考文献

[1] 陈怡,宗卫峰,肖杭,等.江苏省与浙江省实验动物许可证发放及管理现状对比[J].中国比较医学杂志,2017,27(8):101-105.

[2] 李会萍,王晓明,杨锦淳,等.2018年我国实验动物许可证管理的现状及分析[J].中国比较医学杂志,2019,29(7):131-136.

[3] 邵义祥.医学实验动物学教程[M].南京:东南大学出版社,2009.

[4] 陶雨风,刘忠华,毕玉春,等.浅析我国实验动物相关机构的认可工作概况及改进建议[J].实验动物科学,2011,28(5):35-40.

[5] 杨斐.实验动物学基础与技术[M].上海:复旦大学出版社,2010.

[6] 赵效国.新编医学动物实验设计与方法[M].北京:科学出版社,2009.

2 实验动物的环境与工艺布局

按照空气净化的控制程度,实验动物环境分为普通环境、屏障环境和隔离环境。各类环境的使用功能和适用动物等级具体详见表 2-1。

表 2-1　实验动物环境的分类

环境分类		使用功能	适用动物等级
普通环境	—	实验动物生产、动物实验、检疫	基础动物
屏障环境	正压	实验动物生产、动物实验、检疫	清洁动物、SPF 动物
	负压	动物实验、检疫	清洁动物、SPF 动物
隔离环境	正压	实验动物生产、动物实验、检疫	SPF 动物、悉生动物、无菌动物
	负压	动物实验、检疫	SPF 动物、悉生动物、无菌动物

普通环境(conventional environment):符合动物居住的基本要求,控制人员和物品、动物的出入,不能完全控制传染因子,适用于饲养基础级实验动物。普通环境无需进行严格的环境控制和积极的微生物控制,可仅通过自然通风或设置机械排风使环境在一定的受控范围内(见图 2-1)。

屏障环境(barrier environment):符合动物居住的基本要求,严格控制人员和物品、动物的进出,适用于饲养清洁级或无特定病原体级实验动物。屏障环境用于开展绝大部分要求较高的专业性研究,它是动物生产或实验应用最多的一种环境类型,一般分为正压屏障环境和负压屏障环境,对空气环境有一定的洁净度要求(见图 2-2)。

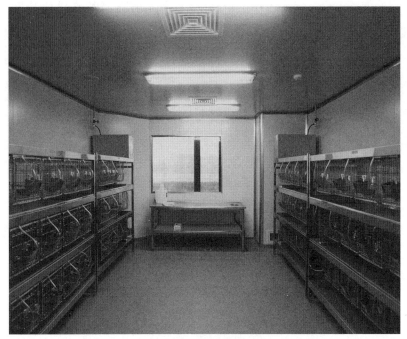

图 2-1　普通环境

图 2-2　屏障环境

隔离环境(isolation environment):采用无菌隔离装置以保持装置内无菌状态或无外来污染物。隔离装置内的空气、饲料、水、垫料和设备应无菌,动物和物料的动态传递须经特殊的传递系统,该系统既能保证与环境的绝对隔离,又能满足转运动物、物品时保持与内环境一致。适用于饲养无特定病原体、悉生及无菌实验动物。

2.1 环境因素及主要技术指标

2.1.1 环境因素

(1)温度

前面章节中介绍的常见实验动物多为鸟类或哺乳动物,此类恒温动物均具有在一定温度范围内保持体温相对稳定的生理调节能力,而环境温度则是动物体热平衡和调节的决定性因素之一,环境温度过高或者过低都会影响实验动物的体热平衡。除了体温调节,环境温度还对实验动物的繁育、育成有非常明显的影响。环境温度过低时,实验动物食欲旺盛,容易肥胖,而且低温环境下,实验动物的新陈代谢增加,对动物脏器重量也产生很大影响;而外界环境温度较高时,实验动物食欲下降,采食量下降,高温环境下,雄性小鼠还会出现睾丸和附睾萎缩,精子形成能力下降的现象。

实验动物的环境温度与实验动物的产热量、体温以及代谢情况等有着密切的关系。实验动物的产热是体内发生生化发热反应的结果,其热源来自摄取食物,一般以下式来维持能量平衡:

总摄取能量=产生能量+活动能量+能量储存

绝食安静状态下,由于摄取能量和活动能量均为 0,此时产热量主要来自消耗储存能量,称为基础代谢,将基础代谢最少时的温度称为"温度中性区"。美国的《实验动物饲养管理和使用指南(第八版)》(*Guide for the Care and Use of Laboratory Animals*)指出,小鼠的热中性区温度范围是26～34℃,26℃是其临界温度下限,34℃是其临界温度上限,在该温度范围内,其体温调节不需要增加代谢产热或激活蒸发热损失机制;而如果低于临界温度,小鼠会通过筑巢、静止抱团和睡眠等行为来控制它们的微气候。大鼠的中性区温度范围是26～30℃,沙鼠的中性区温度范围是28～32℃,兔子的中性区温度范围是15～20℃,猫狗的中性区温度范围是20～25℃。一般来说,为避免热应激,实验动物房内的室内设计温度需设置在最低临界温度以下,新生动物的最低临界温度一般比同种成年动物高,所以还要准备足量的保温材料。目前,国际上各个地区实验动物用房的室内环境设计温度尚未完全一致,但相差并不悬殊。

《实验动物饲养管理和使用指南(第八版)》列出了常见实验动物的室内温度设计范围,具体见表2-2。美国暖通空调工程师协会(American Society of Heating, Refrigerating and Air-Conditioning Engineers, ASHRAE)标准以及美国国立卫生研究院(National Institutes of Health, NIH)设计指南中的室内温度设计值均与此一致。

表 2-2 美国推荐用于常见动物的干球计温度

动物	干球计温度/℃
小鼠、大鼠、仓鼠、沙鼠、豚鼠	20～26
兔	16～22
猫、犬、非人灵长类	18～29
农畜家禽	16～27

德国实验动物协会发布的《实验动物饲养室及实验室的规划与组织(2015英文版)》中给出的推荐室内环境温度则与上述有些许不同,具体见表2-3。总的说来,德国标准的推荐温度范围更小些,最低临界温度和最高临界温度普遍都更低一些。

表 2-3　德国推荐用于常见动物的室内环境温度（干球）

动物	推荐室内环境温度（干球）/℃
非洲爪蛙（水温）	18～22
鸡	15～25
小鼠	20～24
大鼠	20～24
豚鼠	20～24
兔子	15～21
猫	15～21
狗	15～21
猪	18～22
非人灵长类	20～28

我国的《实验动物设施建筑技术规范》相比于美国标准及德国标准，进一步细化了不同实验动物环境的温度要求，其中鼠类的温度范围与美国标准一致，具体见表 2-4。

表 2-4　我国推荐用于常见动物的室内环境温度（干球）

项目	指标						
	小鼠、大鼠、豚鼠、地鼠			犬、猴、猫、兔、小型猪			鸡
	普通环境	屏障环境	隔离环境	普通环境	屏障环境	隔离环境	隔离环境
温度/℃	19～26	20～26		16～26	20～26		16～26

值得注意的是，我国标准要求最大日温差不超过 4℃，因此在设计中，一般会按照 ±2℃ 去控制温度变化范围，这种温度变化与舒适性空调类似，比较容易达到。美国 NIH 标准以及 ILAR 指南中要求温度变化需控制在 ±1℃，并且建议设计温度取值尽可能靠近推荐温度范围中间值，而德国标准并无此类要求。

（2）相对湿度

相对湿度是指空气中实际含水量同等温下饱和含水量的百分比值。相对湿度与动物体热调节有着密切关系。当环境相对湿度达到饱和状态时,动物机体蒸发受到抑制,动物会感觉闷热,很容易引起代谢紊乱;而且许多病原微生物和寄生虫在高温高湿环境下快速繁殖,此时动物机体的抵抗力下降,发病率增加。例如小鼠的仙台病毒在高湿环境下发病率高。又如小鼠在封闭笼盒中氨浓度会随着相对湿度的升高而增大,高浓度氨会刺激鼻腔并改变动物的生物反应。当环境相对湿度较低时,空气过分干燥,容易引起动物躁动不安和神经紊乱。据报道,低湿环境会使大鼠尾部形成环状坏死的"坏尾症","坏尾症"大致可认为是低湿条件下随着尾部水分的蒸发,尾血管缩小而引起的血流障碍所致。

美国《实验动物饲养管理和使用指南（第八版）》中相对湿度的控制要求并不严格,特别是对于哺乳动物来说,大部分哺乳动物可接受 $30\%\sim70\%$ 的相对湿度,相对湿度偶尔、微小和短暂的偏离指定范围不会对动物的福利造成影响,理想的相对湿度应维持在设定值的 $\pm10\%$ 以内。NIH标准罗列了不同动物的湿度要求,具体如表 2-5 所示,而且 NIH 标准要求湿度变化控制在 $\pm5\%$,并且建议设计相对湿度取值尽可能靠近推荐相对湿度范围中间值。德国标准中要求相对湿度一般为 $50\%\pm10\%$,当遇到极端气候时,相对湿度可适当放宽,一般为 $30\%\sim70\%$ 。

表 2-5　美国 NIH 推荐用于常见动物的室内相对湿度

动物	推荐室内相对湿度/%
小鼠及大鼠	35～70
仓鼠	35～70
豚鼠	40～70
兔子	40～70
猫和狗	30～70

续表

动物	推荐室内相对湿度/%
非人灵长类	45～70
鸡及家禽	45～70
斑马鱼	50～70

（3）噪声与振动

有效地控制噪声与振动是动物设施管理中的关键之一，噪声和振动可能来自建筑物内外的设备或人员的活动。首先须区分"噪声"与"振动"两者在概念上的差异。从生理学观点来看，凡是干扰人们休息、学习和工作以及对人们所要听的声音产生干扰的声音，即不需要的声音，统称为噪声。动物设施中针对实验动物的噪声是指影响实验动物生产、试验等正常活动的声音。振动是由旋转部件的惯性力、偏心不平衡产生的扰动力而引起的强迫振荡，振动除产生高频噪声外，还会通过设备底座、管道与构筑物的连接部分沿建筑物传递。

德国标准中将40dB(A)噪声作为无移动设备的空载动物房的控制目标(此时仅有空调背景噪声)；美国NIH标准则将52dB(A)噪声作为实验动物饲养设施空载时的最大值(犬、非人灵长类可放大，使用通风笼具或其他设备时可放大)，我国与日本标准中均将噪声要求定为60dB(A)以下。主要从声音的强度、频率、持续度以及不同种类世系或品系的听觉范围、噪声敏感度等评定噪声对动物的潜在影响。噪声对实验动物的繁育会产生恶劣影响，噪声刺激脑垂体使激素分泌紊乱，影响精子和卵子的生成。有文献指出，在85dB(A)的噪声环境下进行繁殖实验，会不断出现不孕个体。另外噪声还会使产子率下降，母鼠在哺乳期受噪声影响会发生精神烦躁，食子率上升。噪声还会导致一些豚鼠出现听源性痉挛。小鼠在噪声发生的同时会出现耳朵下垂呈紧张状态，接着出现洗脸样动作，然后头部出现轻度痉挛，发生跳跃运动，严重者全身痉挛，甚至四肢僵直伸长而死亡。

动物设施中,要避免噪声对实验动物的影响。首先,在工艺布局上应将人与动物区域加以隔离,减少人与动物的互相影响,吵闹的动物如犬、猪、鸟、非人灵长类动物等,应与较安静的动物如啮齿类、兔和猫等分开饲养管理。其次,在选择建筑材料和相关设备时,应尽量减少其噪声对动物的影响,如火灾报警器发出的声音频率应确保啮齿类动物听不到,安装在实验室门上的配件可以保证房门能轻声关上,发出噪声的设备应设置于研究区域外面等。

所有的实验动物设施和动物饲养条件都会产生一些振动,如独立通风笼具的风机会产生振动从而影响饲养在其中的动物,过度的振动同噪声一样,会引起实验动物生化和繁殖性能的改变。有文献指出,小鼠在振动负荷下,肾上腺重量会增加,白细胞数、血糖值会减少。振动可能来自机械设备、建筑构件或来自离建筑物较远的地方,不同动物感知不同的频率和波长的振动,并受其影响。因此,应采用振动抑制系统对实验设施内的振动源加以隔离或削弱。

(4)换气次数

足够的换气次数主要是为了满足实验动物的饲养需求,为实验动物提供足量的新鲜空气,降低臭气、飞尘和感染因子的浓度水平,同时移除过量的热负荷和湿负荷。

欧盟《实验及其他科研用脊椎动物保护标准》(*Protection of Vertebrate Animals Use in Experimental and Other Scientific Purposes ETS No. 123*)认为一般15~20次/h换气次数对于动物用房已然足够,对于某些情况,如饲养量比较低,8~10次/h也能满足,不管怎样,未经处理的回风都应该被禁止使用。

美国NIH标准中提到动物设施中的全新风换气次数一般在10~15次/h,尽管此换气次数对于维持饲养大环境和饲养小环境的空气品质均比较有效,然而它并没有完全考虑热负荷的可能变化范围、实验动物的饲养量以及饲养种类和大小、使用的垫料、换笼频率以及空气分布效率等,"一刀切"的换气次数在某些特定工况,如针对饲养量比较少的动物房,可能会造成能源的浪费,而针对饲养量比较多的动物房可能会造成温湿度控制不准或污染物集聚等现象。美国 NIH 标准规定了不同实验动物设施中的换气次数,具体见表 2-6。

表 2-6 美国 NIH 不同实验动物设施的换气次数

设施名称	最小换气次数/(次/h)
小动物,开放式笼具/笼架	15
小动物,通风笼具/笼架	10
大动物	15
斑马鱼	10
辅助办公	6
实验室	6
影像(MRI、CT、PET)	6
手术室	20
设备和供应室	6
术后恢复室	10
动物准备室	10
动物擦洗室	10
尸体解剖室	15
动物处理室	15

与欧盟标准一样,美国 NIH 标准也不允许动物设施中使用回风,原因是回风会造成混合空气在房间内滞留过久,对动物设施内的空气品质造成恶劣影响。

美国 ILAR 标准也指出,10~15 次/h 的换气次数是一个通用指标,与美国 NIH 标准不同的是,ILAR 标准认为,如果大环境饲养区的通风系统有足够的过滤设备(过滤效率应达到 85%~95%)能够去除空气污染物,则可使用回风系统进行通风,但是最好还是不要将废气直接排入排风系统,以减少污染大环境的风险。而且在灵长类饲养区和生物安全危险区域应慎重考虑回风系统的适用性,根据空气来源、构成以及回风比,需要考虑对挥发性物质,如实验动物设施中的氨气等进行过滤,并定期对过滤装置的过滤效率、运转以及完整度进行检测评估,确保大小环境的空气质量。

加拿大动物保护委员会发布的《实验动物设施指南—特性、设计及发展》认为 $15\sim20$ 次/h 的全新风换气次数可以满足大多数实验动物设施要求。如果动物设施想要降低换气次数,应考虑对关键参数(湿度等)和行为(如换笼、实验等)进行记录和全年监控,建议最低可降至 12 次/h。并且加拿大标准中也提到了回风混合的问题,采用回风系统的主要驱动力在于节能,不过房间的交叉污染也必然难以避免,因为过滤器很少能够 100% 有效,而且科研环境中将引入干扰的风向,过滤器在没有监控的前提下也不能捕捉到所有的信息素等。因此,在目前没有实证证明实验动物设施中采用回风可避免交叉污染的情况下,不可采用此种方式。

(5)臭气

恶臭污染通过人的嗅觉感官作用于人的心理,使之产生不快。据统计,可被人感知的恶臭物质有 4000 多种,常见的有几十种,如氨气、甲基硫醇、硫化氢、硫化甲基等。对于实验动物设施,氨气是最典型、浓度最高的恶臭气体。氨气(ammonia)具有强烈的刺激性气味,多由机体排出的粪便分解产生,含氮的有机物、饲料等腐烂变质后也可分解产生,氨气是畜、禽舍中的主要空气污染源之一。动物对氨气特别敏感,特别是狗、啮齿类、家兔等,氨气会降低动物日增重与饲料利用效率,导致萎缩性鼻炎或支气管肺炎等疾病。此外,动物的反社会行为,如啄食癖,也与之相关。影响实验动物设施内氨气浓度的因素很多,如饲育动物的种类、密度、室内气流组织形式、换气次数、温度、湿度等。

氨气浓度为 1ppm 时可被检测,$2\sim3$ppm 时嗅觉明显。加拿大标准建议氨气一般不超过 5ppm，最多不超过 25ppm（对于氨气，1ppm 折合 0.76mg/m³，所以加拿大标准建议氨气一般不超过 3.8mg/m³，最多不超过 19mg/m³）。25ppm 也是美国职业卫生标准中工作人员 8～10h 持续暴露可接受的安全标准。我国的标准建议氨气浓度应低于 14mg/m³。日本的实验动物设施标准则规定氨气浓度应低于 20ppm（15.2mg/m³）。

（6）照度

光能影响动物的生理、形态及行为，如在明亮房间内母鼠做窝性差且对仔鼠粗暴，鸡不愿在弱光或暗处觅食等。足够的照度也是保证动物健康福利和操作管理的必要条件。在动物饲养间建立适当的照明水平时，应考虑光强度、照明时间、波长、动物品种品系、动物的色素沉着、性别、激素状况等。

常用的实验动物都是夜间活动性动物，其中白化大鼠对于光毒性视网膜病相较其他动物更为敏感，因此被选为确定室内照明水平的基础。距地 1m 的光照度约为 325lx 的照明水平，一般已足够应用于动物的饲养管理，也不会引起白化大鼠的光毒性视网膜病的临床症状，这里的光照度对应的是工作照度。大小鼠一般比较喜欢生活在低照度的笼内，白化大鼠喜爱更低照度的环境（25lx），幼鼠相比成鼠需要的光照度更低，这里的照度对应的是动物照度。我国标准中规定最低工作照度不低于 200lx，对于啮齿类动物，动物照度为 15～20lx，标准中还要求应能控制明暗的节奏规律性，啮齿动物的光照周期一般为 10～12h。不同的动物有不同的光照要求，但与暖通空调系统关联不大，因此不再赘述。

2.1.2　主要环境指标

表 2-7 至表 2-9 是我国《实验动物设施建筑技术规范》（GB 50447—2008）中明确的各项环境因素指标。

表 2-7 动物生产区的环境指标

项目		指标						
		小鼠、大鼠、豚鼠、地鼠			犬、猴、猫、兔、小型猪			鸡
		普通环境	屏障环境	隔离环境	普通环境	屏障环境	隔离环境	屏障环境
最小换气次数/(次/h)		8	15	—	8	15	—	15
动物笼具周边处气流速度/(m/s)		≤0.2						
与相通房间的最小静压差/Pa		—	10	50	—	10	50	10
空气洁净度/级		—	7	—	—	7	—	7
沉降菌最大平均浓度/(个/0.5h)，ϕ90mm平面		—	3	无检出	—	3	无检出	3
氨浓度指标/(mg/m³)		≤14						
噪声/dB(A)		≤60						
照度/lx	最低工作照度	150						
	动物照度	15～20			100～200			5～10
昼夜明暗交替时间/h		12/12 或 10/14						

注:1. 表中氨浓度指标为有实验动物时的指标。

2. 普通环境的温度、湿度和换气次数指标为参考值,可根据实际需要确定。

3. 隔离环境与所在房间的最小静压差应满足设备的要求。

4. 隔离环境的空气洁净度等级根据设备的要求确定参数。

表 2-8　动物实验区的环境指标

项目		小鼠、大鼠、豚鼠、地鼠			犬、猴、猫、兔、小型猪			鸡
		普通环境	屏障环境	隔离环境	普通环境	屏障环境	隔离环境	屏障环境
温度/℃		19～26	20～26	16～26	20～26	16～26		
最大日温差/℃		4	4	4	4	4		
相对湿度/%		40～70						
最小换气次数/（次/h）		8	15	—	8	15	—	
动物笼具周边处气流速度/（m/s）		≤0.2						
与相通房间的最小静压差/Pa		—	10	50	—	10	50	50
空气洁净度/级		—	7	—	—	7	—	—
沉降菌最大平均浓度/（个/0.5h），φ90mm平面		—	3	无检出	—	3	无检出	无检出
氨浓度指标/（mg/m³）		≤14						
噪声/dB(A)		≤60						
照度/lx	最低工作照度	150						
	动物照度	15～20			100～200			5～10
昼夜明暗交替时间/h		12/12 或 10/14						

注：1. 表中氨浓度指标为有实验动物时的指标。

2. 普通环境的温度、湿度和换气次数指标为参考值，可根据实际需要确定。

3. 隔离环境与所在房间的最小静压差应满足设备的要求。

4. 隔离环境的空气洁净度等级根据设备的要求确定参数。

表 2-9　屏障环境设施的辅助生产区(辅助试验区)主要环境指标

房间名称	洁净度级别	最小换气次数/(次/h)	与室外方向上相通房间的最小静压差/Pa	温度/℃	相对湿度/%	噪声/dB(A)	最低照度/lx
洁物储存室	7	15	10	18～28	30～70	≤60	150
无害化消毒室	7 或 8	15 或 10	10	18～28	—	≤60	150
洁净走廊	7	15	10	18～28	30～70	≤60	150
污物走廊	7 或 8	15 或 10	10	18～28	—	≤60	150
缓冲间	7 或 8	15 或 10	10	18～28	—	≤60	150
二更	7	115	10	18～28	—	≤60	150
清洗消毒室	—	4		18～28	—	≤60	150
淋浴室	—	4		18～28	—	≤60	100
一更(脱、穿普通衣、工作服)	—	—		18～28	—	≤60	100

注:1. 实验动物生产设施的待发室、检疫室和隔离观察室主要技术指标应符合动物生产区环境指标的规定。

2. 实验动物实验设施的待发室、检疫室和隔离观察室主要技术指标应符合动物实验区环境指标的规定。

3. 正压屏障环境的单走廊设施应保证动物生产区、动物实验区压力最高,正压屏障环境的双走廊或多走廊设施应保证洁净走廊的压力高于动物生产区、动物实验区;动物生产区、动物实验区的压力应高于污物走廊。

北京市发布了针对实验用鱼的环境指标要求《实验用鱼　第6部分:环境条件》(DB11/T 1053.6—2013),此外,北京市地方标准《实验动物　环境条件》(DB11/T 1807—2020)还补充提供了实验牛、实验羊、实验猕猴、实验雪貂、实验鸭、实验鸽等实验动物的环境指标要求,具体详见表2-10至表2-14,其他地市可做参考。

表 2-10　设施内环境指标

项目	指标	
	普通环境	屏障环境
温度/℃	18～30	20～30
24 小时温差/℃	≤8	≤6
换气次数/(次/h)	≤4	≤10
压强梯度/Pa	—	≥10
空气洁净度/级	—	≤7
落下菌数/(cfu/皿)	≤30	≤3
噪声/dB（A）	≤60	≤60
照度/lx	150～300	150～300
昼夜明暗交替时间（明/暗 h）	12/12 或 14/10	12/12 或 14/10

注:1.表中指标为未有实验用鱼饲养时的静态指标。

2.推荐采用全新风,保证设施内有足够新鲜、洁净空气。

3.如果先期祛除了粉尘颗粒物和有毒有害气体,可使用循环空气,但仅限于同一单元,并保证供风的参数符合上述指标,此时水族箱应根据需要增加给氧设备。

4.如单走廊设施,应保证饲育室、实验室压强最高,防止交叉污染;从事感染、放射和有害物质的实验,应在负压的屏障环境设施内进行,并应符合国家生物安全和环保的各项要求。

5.压强梯度为饲养间与相邻的非饲养间的气压差。

6.当上述各项"设施内环境指标"和"水族箱水环境指标"利用设备均能实现时,也可以利用该设备饲养相应等级的实验用鱼。

表 2-11　水族箱水环境指标

项目	指标	
	普通环境	屏障环境
水温/℃（成鱼）	24～30（斑马鱼）	24～30（斑马鱼）
	22～28（剑尾鱼）	22～28（剑尾鱼）
水温/℃（幼鱼）	26～30（斑马鱼）	26～30（斑马鱼）
	24～30（剑尾鱼）	24～30（剑尾鱼）
24 小时温差/℃	≤6	≤4
瞬时温差/℃	≤2	≤2

项目	指标	
	普通环境	屏障环境
水循环次数/(次/h)	≥3	≥5
水流速度/(m/s)	0.1～0.5	0.1～0.5
总硬度(CaCO₃)/(mg/L)	≤500	≤450
水酸碱度/pH	6.5～8.0	6.5～7.5
水溶解氧含量/(mg/L)	7～14	7～14
菌落总数/(cfu/mL)	≤100	≤10
亚硝酸盐浓度/(mg/L)	≤0.1	≤0.1
氯浓度/(mg/L)	≤0.2	≤0.2
砷浓度/(mg/L)	≤0.05	≤0.05
石油类(总量)/(mg/L)	≤0.05	≤0.05
藻类/(个/L)	≤100	≤10
色、嗅、味	无异色、异臭、异味	无异色、异臭、异味
噪声/dB(A)	≤60	≤60

表 2-12　猪、牛、羊、猕猴饲养间环境因子指标

项目	指标								
	小型猪			猪、牛、羊			猕猴		
	普通环境	屏障环境	隔离环境	普通环境	屏障环境	隔离环境	普通环境	屏障环境	隔离环境
温度/℃	16～28	20～26		生产：— 实验：16～28	16～28 20～26		21～29	16～26	
日温差/℃	—	≤4		—	≤4		≤4		
相对湿度/%	—	30～80		—	30～80		≥40		
相通区域压强梯度/Pa	—	≥10	≥50	—	≥10	≥50	—	≥10	≥50

续表

项目	指标								
	小型猪			猪、牛、羊			猕猴		
	普通环境	屏障环境	隔离环境	普通环境	屏障环境	隔离环境	普通环境	屏障环境	隔离环境
最小换气次数/(次/h)	≥10	≥15	≥20	≥10	≥15	≥20	≥10	≥15	≥20
笼具处气流速度/(m/s)	—	≤0.2	≤0.2	—	≤0.2	≤0.2	—	≤0.2	≤0.2
空气洁净度/级	—	7	5或7	—	7	5或7	—	7	5或7
沉降菌最大平均浓度/(个/0.5h)，ϕ90mm平面	—	≤3	0	—	≤3	0	—	≤3	0
氨浓度指标/(mg/m³)	≤14								
噪声/dB(A)	≤60								
照度/lx 最低工作照度	≥200								
照度/lx 动物照度	100～200			100～200			150～300		
昼夜明暗交替时间/h	12/12 或 10/14			12/12 或 10/14			12/12 或 10/14		

表 2-13　实验长爪沙鼠、实验雪貂、实验猫饲养间环境因子指标

项目	指标								
	长爪沙鼠			雪貂			猫		
	普通环境	屏障环境	隔离环境	普通环境	屏障环境	隔离环境	普通环境	屏障环境	隔离环境
温度/℃	18～29	20～26		16～28	20～26		生产：16～28　实验：16～26	20～26	
日温差/℃	—	≤4		—	≤4		—	≤4	
相对湿度/%	40～70			≥30			40～70		
相通区域压强梯度/Pa	—	≥10	≥50	—	≥10	≥50	—	≥10	≥50

续表

项 目		指标									
		长爪沙鼠			雪貂			猫			
		普通环境	屏障环境	隔离环境	普通环境	屏障环境	隔离环境	普通环境	屏障环境	隔离环境	
最小换气次数/(次/h)		≥10	≥15	≥20	≥10	≥15	≥20	≥10	≥15	≥20	
笼具处气流速度/(m/s)		—	≤0.2	≤0.2	—	≤0.2	≤0.2	—	≤0.2	≤0.2	
空气洁净度/级		—	7	5或7	—	7	5或7	—	7	5或7	
沉降菌最大平均浓度/(个/0.5h)，ϕ90mm 平面		—	≤3	0	—	≤3	0	—	≤3	0	
氨浓度指标/(mg/m³)		≤14									
噪声/dB(A)		≤55									
照度/lx	最低工作照度	≥200									
	动物照度	100～200			15～20			100～200(夜间5～10)			
昼夜明暗交替时间/h		12～14/12～10			12～14/12～10			12～14/12～10			

表 2-14 实验鸡、实验鸭、实验鹅、实验鸽饲养间环境因子指标

项 目	指标											
	鸡			鸭			鹅			鸽		
	普通环境	屏障环境	隔离环境	普通环境	屏障环境	隔离环境	普通环境	屏障环境	隔离环境	普通环境	屏障环境	隔离环境
温度/℃	生产：—	16～28		生产：—	16～28		生产：—	16～28		生产：—	16～28	
	实验：16～28	20～26		实验：16～28	20～26		实验：16～28	20～26		实验：16～28	20～26	
日温差/℃	—	≤4		—	≤4		—	≤4		—	≤4	
相对湿度/%	—	30～80		—	30～80		—	30～80		—	30～80	

续表

项目		指标											
		鸡			鸭			鹅			鸽		
		普通环境	屏障环境	隔离环境	普通环境	屏障环境	隔离环境	普通环境	屏障环境	隔离环境	普通环境	屏障环境	隔离环境
相通区域压强梯度/Pa		—	≥10	≥50	—	≥10	≥50	—	≥10	≥50	—	≥10	≥50
最小换气次数/(次/h)		≥10	≥15	≥20	≥10	≥15	≥20	≥10	≥15	≥20	≥10	≥15	≥20
笼具处气流速度/(m/s)		—	≤0.2	≤0.2	—	≤0.2	≤0.2	—	≤0.2	≤0.2	—	≤0.2	≤0.2
空气洁净度/级		—	7	5或7	—	7	5或7	—	7	5或7	—	7	5或7
沉降菌最大平均浓度/(个/皿)		—	≤3	0	—	≤3	0	—	≤3	0	—	≤3	0
氨浓度指标/(mg/m³)		≤14											
噪声/dB(A)		≤60											
照度/lx	工作照度	≥200											
	动物照度	1~7d 光照度30lx			1~7d 光照度20lx			1~7d 光照度15lx			1~7d 光照度25lx		
		7d以后 光照度10lx			7d以后 光照度10lx			7d以后 光照度5lx			7d以后 光照度15~25lx		
光照明暗交替时间/h		1~7d 23/1			1~7d 23/1			1~7d 23/1			1~7d 23/1		
		7d后16~14/8~10			7d后17~14/7~10			7d后17~14/7~10			7d后17~14/7~10		

2.2 工艺布局

实验动物设施根据其使用目的,可按如下进行分类。

生产设施——品系保种、繁殖、育成、供应;

实验设施——研究、教学、临床前试验、毒性试验、生物制品及药品检定；

特殊实验设施——感染动物实验（动物生物安全实验室）、放射性同位素实验。

研究型大学或其他机构中的实验动物设施通常是包含以上所有设施在内的复合设施。为方便介绍，本章主要介绍生产及实验设施的相关内容，感染动物实验设施的相关内容于后续章节进行详细介绍。实验动物设施的工艺布局服务于实验工艺流程，实验动物设施的工艺布局应该在充分了解实验动物用房的科研能力、实验需求、规模等级、设备要求的基础之上进行，在合理的工艺布局基础之上，暖通空调系统的设计才能事半功倍，发挥作用。

2.2.1　工艺布局的基本要求

设计人员在进行实验动物设施设计前应考虑以下五个方面：

①动物生产区和实验区之间的连贯；

②洁净区和污染区之间的连贯；

③人员、动物、清洁笼具和物品的流线；

④废弃物、动物尸体和需清洗的笼具的流线；

⑤未来使用区域的预留问题。

设计时应遵循以下四点基本要求：

①实验动物的生产设施和实验设施分开独立设置；

②不同级别、不同种类的实验动物分开饲养，避免交叉干扰；

③设施布局应保证人员、物品和动物的单向移动，避免交叉感染；

④设施布局应依据动物数量及特点确定各区域的规模，保证日常工作及实验操作。

2.2.2　工艺布局的分区及流线

不同规模不同功能的实验动物中心，需求并不一致，在实际设计过程中,应由设计人员、管理人员、使用人员协商确定,平衡各方需求,整合不同角度的意见,考虑当前需求与未来变化的关系,这是设计合理功能布局及工艺流线的必经步骤。

根据《实验动物 环境及设施》(GB 14925—2010)对实验设施的要求,实验动物中心根据其使用功能,可分为以下几个区域。

①前区:包括办公室、维修室、库房、饲料室、一般走廊。

②生产区:包括隔离检疫室、缓冲间、风淋室、育种室、扩大群饲育室、生产群饲育室、待发室、清洁物品贮藏室、消毒后室、走廊。

③实验区:包括缓冲间、风淋室、检疫间、隔离室、操作室、手术室、饲育间、清洁物品贮藏室、消毒后室、走廊。

④辅助区:包括仓库、洗刷消毒室、废弃物品存放处理间(设备)、解剖室、密闭式实验动物尸体冷藏存放间(设备)、机械设备室、淋浴室、工作人员休息室、更衣室等。

根据洁净度要求,又可分为洁净区、污染区,对于高级别要求的动物饲养和实验还应设有半污染区,各区之间的过渡应设有缓冲区,并有明显的区域标识和压力梯度显示。

实验动物中心的流线主要包括物品流线、人员流线、动物流线,实验动物中心的流线工艺设计应符合实验工艺流程的要求,各流线间互不交叉。不同的工艺布局,其流线的设置也不一样,常见的工艺布局通常以走廊形式进行划分,可分为单走廊型、双走廊型及多走廊型。

如图 2-3 所示,单走廊型工艺布局的优势在于可以有效利用空间,空间利用率高,布局和流线相对简洁,然而单走廊型工艺布局由于走廊上洁污不分,所以存在发生交叉污染的可能。因此,单走廊型工艺布局要求有严格的管理,从时间上划分洁污流线,在实际应用中,单走廊型工艺布局比较适合于改建工程或中小型实验动物中心。

如图 2-4 所示,双走廊型工艺布局是一种常见的实验动物屏障设施类

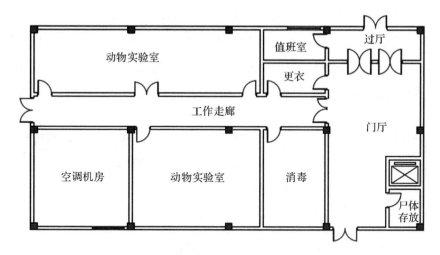

图 2-3　单走廊型实验动物设施工艺布局示意

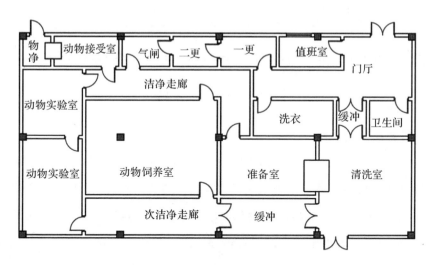

图 2-4　双走廊型实验动物设施工艺布局示意

型,相比于单走廊型,其洁污流线分明,降低了交叉污染的可能,污染控制更为有效,但是双走廊型工艺布局也具有占地面积较大,造价较高的缺点。双走廊型工艺布局一般包括单侧双走廊、双侧双走廊以及单双侧混合式双走廊几种类型。

如图 2-5 所示,三走廊型工艺布局是在双走廊型工艺布局的基础上再设置一条普通走廊,普通走廊可便于工作人员的日常维护以及笼具搬运,同时也可结合办公或辅助用房的设置区分各个流线。不过此种布局型式其空间利用率相比于双走廊型更低,因此大部分实验中心已经较少使用。

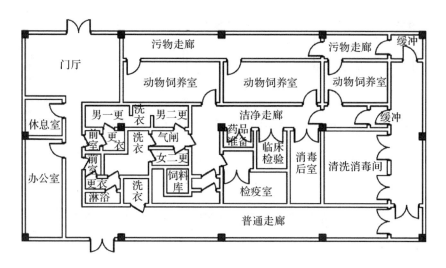

图 2-5　三走廊型实验动物设施工艺布局示意

①物品工艺流线

实验物品包括实验前的清洁物品及实验后的污染物品,如笼具、饲料、垫料、被服、动物尸体等。进入实验动物中心的物品应经过严格的消毒灭菌,一般通过双扉真空高压灭菌器,不能耐受高温高压的物料,如实验动物、实验用试剂等可通过渡槽或者传递窗进入屏障区。渡槽是内盛有消毒液体药剂的水槽,在普通区与洁净区各开一门,器械物料从普通区放入,浸泡消毒后从洁净区取用,对于不耐高温高压也不能水浸的物料则从传递窗递入,所有物品经消毒灭菌后进入消毒后室。消毒后室也称作洁存间或内准备间,在此做短暂停留后通过走廊运送至不同功能用房(饲养室或实验室),实验后的笼具及器械通过走廊送至清洗消毒间消毒灭菌后送入存放间待用,其他污染物品送入废弃物存放处理间而后离开实验中心。

具体流程为外部区域→清洗消毒间→消毒后室→洁净走廊→饲养室或实验室→污物走廊→污物存放处理间→外部区域。

②人员工艺流线

实验动物中心的流线主要包括饲养人员流线及实验人员流线。人员卫生通道的组成早期多为"一更→淋浴→二更"的形式,现在的实验室则多为"一更→二更→风淋"。

具体流程为外部区域→一更→二更→风淋→清洁走廊→饲养室或实验室→污物走廊→清洗消毒→更衣→外部区域。

③动物工艺流线

外来动物签收登记后,首先在接收间进行外表面消毒处理,之后发放,经传递窗送至检疫室,经初步检查后把没有异常的动物送入观察室观察,必要时采样检验,确认无污染合格后通过清洁走廊送至不同功能房间(饲养室或实验室),实验完毕后动物尸体经污物走廊、缓冲间离开屏障环境进入废弃物品存放处理间,实验后需观察的动物送入观察室,不明死因的动物送入解剖室。

饲养的动物育成达标以后,可转入待发室,发放动物装入窗口带有滤材的特殊运输箱经传递窗送出。

实验动物设施整体工艺流线示意如图 2-6 所示。

为便于针对性介绍,笔者基于功能分区及工艺流程,将工艺分区重新整合,将常规实验动物设施进一步划分为清洁卫生处理设施、饲养设施、非特殊实验设施、手术及成像技术设施、储存设施几部分专用设施,并分别详细介绍各项专用设施及其中的主要仪器设备,特殊实验设施本书以动物生物安全实验室为主进行工艺布局及暖通空调系统的详细说明,具体内容详见第 5 章。

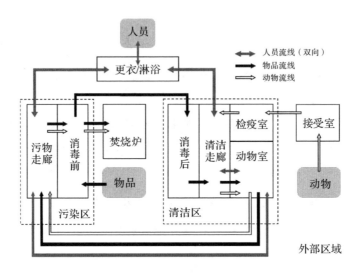

图 2-6　实验动物用房工艺流线示意

2.2.3　清洁卫生处理设施

在实验动物设施中,需要定期处理大量物品,如笼具、饮水瓶、笼架、垫料、饲料、工作服等。因此,可建立集中的清洁卫生处理设施来整合各个清洁或处理过程,使其能够高效、安全、有序地运转。需被清洁处理的物品按使用材质(不锈钢及塑料)划分,具体如表 2-15 所示。

表 2-15　清洁处理物品

材质	典型物品
塑料	啮齿类动物笼盒、废物托盘、饮水瓶、代谢笼、注射管等
不锈钢	笼架、运输车、饮食漏斗、移动式工作台及实验台、金属笼具等

注:塑料制品一般采用聚碳酸酯、聚丙烯、聚醚酰亚胺等。

清洁处理工艺流程一般包括运输与储存、倾倒、清洗、漂洗、烘干、填充、消毒灭菌等(见图 2-7)。此流程涉及专用设备非常多,因此笔者将按照流程顺序重点介绍。

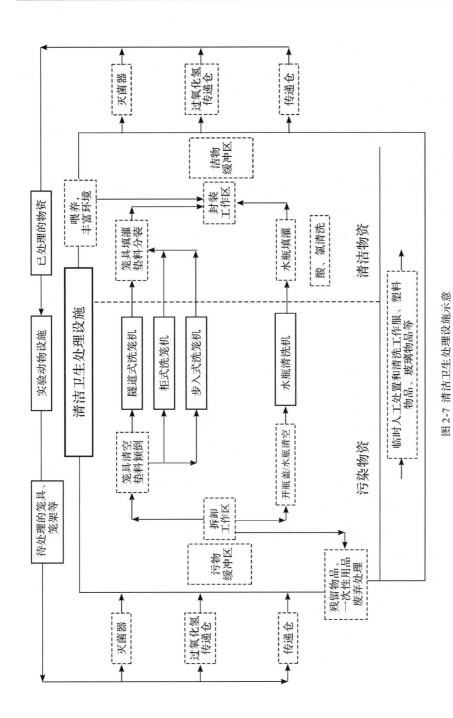

图 2-7 清洁卫生处理设施示意

2.2.3.1 运输、储存及倾倒

所有物品进出实验动物生产区一般都是通过专用不锈钢推车,为保证运输流线畅通,专用推车也需符合设施内部门、电梯、灭菌器等设备的大小尺寸,一般尺寸为(1500~1900)mm×(500~700)mm×(1000~1500)mm。

为减少污物被带到清洗间,饮水瓶和笼具底座需要在清洗前清空,饮水瓶中主要是残留的水,笼具底座主要是脏垫料、饲料颗粒以及排泄的粪尿等。动物排出的粪尿中不仅有大量的氨气,而且还有对人体有害的有机化合物以及变态反应致敏原甚至致病微生物,是实验动物设施内外污染的主要来源,普通环境约1周更换2~3次垫料;SPF级实验环境约1周更换1~2次垫料。原有的垫料回收处理方法主要是由工作人员直接将动物垫料倾倒至回收车或者垃圾桶等容器中,人工倾倒笼具污物时容易使得污物尘埃传播,直接危害实验动物设施内工作人员和科研人员的身心健康,因此,需要使用专门的垫料倾倒设备,可减轻劳动强度、减少环境污染。

垫料倾倒站原理是采用负压设计,倾倒废垫料时,倾倒站内空气通过负压风机,经初效、高效空气过滤装置净化后排出,工作台形成气流屏障,确保环境不受污染和工作人员的职业卫生安全,废垫料的混合物则直接进入内部的大容量污物桶,收集后外运(见图2-8)。

以下是国内某医院垫料倾倒站的技术参数要求。

电源供应:220/240V,50Hz。

气帘速度自动控制≥0.55m/s。

工作区域压力:负压。

废料处理:带滚轮的废料收集袋及平滑漏斗状通道设计使操作者在持续的保护之中移除废料袋。

废料箱容积≥60L。

运行噪声≤65dB(A)。

图 2-8　垫料倾倒站

工作区照明≥2900lm。

内部操作室:304 不锈钢通道及后面板,侧边为透明有机玻璃面板。

操作面板:轻触电子开关,无语言障碍图标指示。系统风机速度受微电脑控制,以确保恒定的吸风量(吸风量不因滤网阻塞而减少)。当滤网堵塞程度超过设定范围,或者滤网过了设定使用期,报警装置会自动激发。

设备维护:可以查看高效过滤的维护记录,更换时间及最新的 DOP 测试记录。

工作区域≥1000mm×580mm×600mm。

流速过低报警和过高报警:蜂鸣和闪光。

　　某些大型实验动物中心内还设置有废垫料负压真空收集系统。该系统构成更为复杂，自动化程度也更高，可将更换的废垫料刨花垫料、玉米芯脏垫料、木屑脏垫料等，自动收集并传输至污物处理间，实现了废垫料的自动化和封闭化。废垫料负压真空收集系统一般由垫料倾倒机、真空泵系统、废料收集系统（或废料分离器）、传输管路、除尘系统以及中央控制系统等构成，有些废垫料负压真空收集系统还可以选择安装压缩打包装置，压缩后装袋密封大大减少垫料所占面积，方便暂存和运输（见图 2-9）。

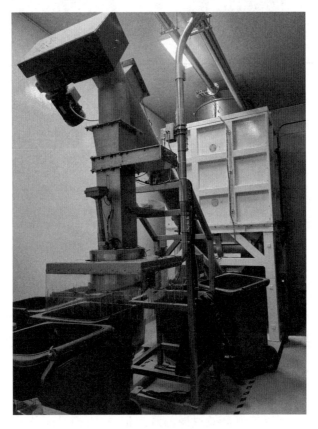

图 2-9　废料分离器及真空泵系统

　　一些厂家配合负压真空收集系统的垫料倾倒机相比一般倾倒机会增加研磨、搅拌、流化等功能，还有一些厂家则会设置专门的收集系统主机配以流化器来实现此功能,废垫料处理后进入传输管路,传输管路采用304不锈钢封闭式管路设计,传输速度维持不小于20m/s,保证各种湿垫料的传输,可有效减少气味流窜,废垫料经旋流真空分离器后进行收集,而空气则经过滤后再进入真空泵,过滤后的废气经处理后排放至室外。

以美国SMC公司VBRS 9400废垫料真空收集系统为例,其每小时可处理300~1200笼的废垫料,传输距离可达200m,真空泵功率约为10HP(460V/60Hz/3),系统的废气排放量约为350~700cm³/h,噪声≤70dB(A)。

2.2.3.2　清洗、烘干

实验动物设施内典型的洗消处理流程为:装载—预清洗—清洗—中和—漂洗—烘干—卸载。洗消过程涉及不同类型的设备和技术要求,笔者将依次对洗笼机、烘干机、玻璃器具清洗及水瓶清洗机进行详细介绍。

洗笼机是实验动物用房之中最重要的自动化清洗设备之一,洗笼机的使用给笼具清洗工作带来便利和质量保障,保证每天动物笼具的使用数量,减轻工作强度,提高工作效率,以TECHNIPLAST IWT650柜式洗笼机为例(见图2-10),其设定程序数值后可循环持续清洗,包括装载、清洗、卸载在内的每个循环过程5 min即可完成。每次循环可清洗8个独立通风笼具(individually ventilated cages,IVC)大鼠笼盒、16个IVC大鼠笼盖,16个IVC小鼠笼盒、24个IVC小鼠笼盖,完全可满足一些小型动物实验室对笼盒频繁换洗的要求。

在实验动物用房中,常见的洗笼机有柜式洗笼机、步入式洗笼机(见图2-11)以及隧道式洗笼机(见图2-12)。柜式洗笼机无庞大的清洗仓而极大地节省了占地面积,适用于清洗及消毒笼盒、饮水瓶等物品;步入式洗笼机适用于清洗及消毒动物笼架、笼具、饮水瓶、运输车和托盘等物品;隧道式洗笼机容量最大,可用于清洗和消毒动物笼具、托盘、饮水瓶及其他物品,适用于大中型实验动物中心。

图 2-10 柜式洗笼机

图 2-11 步入式洗笼机

图 2-12 隧道式洗笼机

以柜式洗笼机为例介绍洗笼机的工作原理。①清洗:在清洗仓内利用添加洗涤剂的热水对笼具进行清洗,清洗阶段为循环期间用时最长的阶段。每次循环中,水中大颗粒物会被过滤器过滤掉,过滤后的水流入清洗箱内,直至水从箱内水池内溢出,溢出的水带走细小漂浮物和乳化油脂。而后加清水,通过加热元件将其保持在设定温度。②滴流:清洗结束后,利用重力让笼盒表面和内部的附着的水自然滴流。③冲洗:滴流完成后机器利用干净热水进行冲洗。④蒸汽抽取:通过排风机将清洗仓内的蒸汽抽出。⑤化学消毒(可选):滴流结束后将消毒剂注入冲洗管道,通过喷嘴对笼盒进行消毒。

表 2-16 和表 2-17 是 SMC 公司柜式洗笼机(笼盒及饮水瓶清洗)的主要技术要求。

表 2-16　设备主要技术要求(I)

型号	笼具容量		尺寸(W×H×D)	
	标准小鼠	标准大鼠	内部尺寸/cm	外部尺寸/cm
CBW1026	32	12	122×81×86	183×198×99
CBW1026L	48	16	122×81×122	183×198×135

表 2-17　设备主要技术要求(II)

CBW1026 和 CBW1026L			
蒸汽加热耗电量	相	频率/Hz	电量/kW
	3	60	6
电加热耗电量	相	频率/Hz	电量/kW
	3	60	24
设备散热量	kW	3.861	
蒸汽	管道尺寸/in	压力/kPa	流量/(kg/h)
	1～1/2″	207～552	峰值 159
热水	℃　　管道尺寸	压力/kPa	流量/(L/min)
	60～82　　1″	241	379

续表

CBW1026 和 CBW1026L		
冷水	管道尺寸/in	压力/kPa	流量/(L/min)
	3/4″	241	57
排水	温度/℃	管道尺寸/in	流量/(L/min)
	60	1～1/2″	227
排气	半径/mm	温度/℃	标准流量/(m³/min)
	152	82	6

表 2-18 是 SMC 公司步入式洗笼机(笼盒及笼架清洗)的主要技术要求。

表 2-18　设备主要技术要求(Ⅲ)

外形尺寸	2160mm×2640mm×2440mm
容纳量	100 个鼠盒/56 个兔笼/1 个非人灵长笼
电功率	3 相,60Hz,8.95kW
蒸汽	5.08cm 内螺纹管道,平均流量 181.44kg/h,最高流量 272kg/h,蒸汽压强 206～551kPa
冷凝水	2.54cm 内螺纹管道
热水	3.81cm 内螺纹管道,压力 241kPa,48.9～82.2℃,流量 757L/min
冷水	2.54cm 内螺纹管道,压力 241kPa,流量 95L/min
排水	5.08cm 内螺纹管道,最高 60℃,流量 454L/min(最大)
排气	流量 1019.4m³/h,82.2℃饱和蒸汽,管道直径 30.48cm
压缩空气	1.27cm 内螺纹管道,压强 551kPa,流量 6.796m³/h
散热量	最大 7.3kW
运输质量	6000kg

表 2-19 是 SMC 公司隧道式洗笼机的主要技术要求。

表 2-19 设备主要技术要求(IV)

用电	型号	相		频率/Hz	电量/kW
	1224/1230	3		60	20
	1236				22
	1248				26
蒸汽	型号	内螺纹管道尺寸/in		压力/kPa	流量/(kg/h)
	1224/1230	1~1/2″		207~552	816
	1236				907
	1248	3″			1088
热水	型号	温度/℃	内螺纹管道尺寸/in	压力/kPa	流量 L/min
	1224/1230	60~82	1″	241	23~30
	1236				
	1248				30~38
冷水	型号	内螺纹管道尺寸/in		压力/kPa	流量/(L/min)
	1224/1230	3/4″		241	11~15
	1236				
	1248				11~19
排水	型号	温度/℃	内螺纹管道尺寸/in		流量 L/min
	1224/1230	60	2″		106
	1236				
	1248				126
排风	型号	直径/mm	温度/℃		流量/(m³/h)
	1224/1230	300	82		2040
	1236	460			3060
	1248				3720

续表

	型号	运输重量/kg	运行重量/kg	尺寸(宽×高×长)/mm
重量及尺寸	1224/1230	2494	2721	1040×2110×6710
	1236	3084	3628	1350×2110×6710
	1248	3356	3900	1650×2110×6710

	型号	使用端散热/kW	空端散热/kW
散热	1224/1230	14.65	0.29
	1236	20.51	0.29
	1248	23.44	0.29

凝结水内螺纹管道尺寸/in	所有型号	1″

笼具清洗系统的配套设施中,暖通空调系统主要需要考虑大型设备的散热及洗笼机自身的排风。洗笼机生产商需最小化设备的散热,使用方需对蒸汽管道进行保温以尽可能地降低设备散热。洗笼机的排风通常十分湿热,清洗过程结束后通过洗笼机上的排风口经由独立排风系统排出,由于其处理过程的温度和产生的化学蒸汽,其排风管道要求耐高温、防水、耐腐蚀,推荐采用 PP 或 PVC 等非金属材质或者不锈钢材质的风管。对于隧道式洗笼机,需要用热空气对其进行干燥处理,结束后蒸汽通过出入口及冲洗区的排风罩排出,集中排风还可进行热回收处理。

实验动物设施内除笼架、笼盒外,还有大量的玻璃器具需要清洗处理,如大小鼠饮水瓶、瓶盖、瓶塞等附件。饮水瓶清洗机一般分为电热加热和蒸汽加热两种类型,具体参数要求见表 2-20。与洗笼机一样,所有湿式循环处理结束后,需要将清洗机中的残留蒸汽排出,排气量约为 $200 m^3/h$,水瓶清洗机的散热量相比洗笼机等设备较小,仅为 0.15kW。

表 2-20 饮水瓶清洗机设备参数

	蒸汽加热	电热加热
电量	208V,3ph 星型,60Hz,15A	208V,3ph 星型,60Hz,50A
蒸汽量	最小 1/2in FPT(内管螺纹) 30～50PSI 113kg/h 最大流量	—
凝结水	1/2in FPT(内管螺纹)	1/2in FPT(内管螺纹)
热水	3/4in FPT(内管螺纹) 35PSI 50～60℃	3/4in FPT(内管螺纹) 35PSI 50～60℃
排水	2in FPT(内管螺纹)	2in FPT(内管螺纹)
排风	170m³/h,直径 4in	170m³/h,直径 4in

注:1in＝2.54cm。

2.2.3.3 填灌

清洗之后,笼盒需要填放垫料,水瓶需要灌装饮用水,之后方可重新运送回实验动物设施内部,这些操作及处理过程同样需要满足卫生要求。当笼盒再填放垫料时,垫料的灰尘也会逸出,一些木质材料可能会引起过敏反应,有些物质甚至致癌。即使没有污染性,从员工职业卫生健康的角度考虑,也要清除空气中的微尘,提高填灌设施的自动化程度,减轻工作人员的劳动强度。笔者将重点介绍垫料自动加料机及垫料自动加料系统的技术参数要求。

垫料自动加料机,或称洁净垫料分装机,一般用于实验动物设施内干净垫料的定量分装,采用纯真空压力方式传动玉米芯等材质的垫料,从打开垫料包到垫料分配全流程保证在负压模式下操作,防止粉尘飘到设备外环境中而影响工作人员卫生健康,以下是某单位该设备的招标性能指标要求。

电源:AC 220～230V,50～60Hz。

背部导流罩:设备须配备背部导流风机,气流≥1400m³/h。

主体材质:所有和垫料接触的部位均是 AISI304 不锈钢。

管路材质:AISI304 不锈钢。

关节连接件材质:防静电橡胶。

机器表面材质:可回收 ABS 塑料。

过滤网:两个过滤网,分别为 G4 级别和 F7 级别,有滤网自清洁系统。

垫料抽取方式:采用真空抽取技术,为防止破坏垫料颗粒不予采纳机械抽取方式。

垫料分装方式≥10 种,并可对分装情况自定义名称,便于操作人员记忆。

可移动式设计:设备带独立滚轮设计,方便移动。

垫料分装的原理:通过超声感应器识别需填装垫料的笼盒是否就位,进行自动高精度分装。

安全装置:触摸屏旁边配备紧急停止开关。

外部尺寸:1250mm(宽度)×950mm(长度)×2150mm(高度)。

垫料自动加料系统是可以自动储存、传输以及准确分装新垫料的加料分配系统,可减少工作人员搬运新垫料袋以及防止粉尘对环境和人员的危害。垫料自动加料系统一般由垫料填充台、传输管路、吸尘系统、洁净垫料分装系统、过滤系统、真空动力系统及中央控制系统等组成。此系统与废垫料收集系统原理相似,洁净垫料储存间内设置垫料填充台及控制器,经不锈钢管路输送至洁净垫料分装台,保证传输速度不小于 20m/s,洁净垫料分装台内置感应器识别储存舱内的容量,当达到最高位置时,停止垫料供应;当达到最低位置时,启动垫料填充,停止垫料分装,垫料混合均匀;洁净垫料分装台还设置有笼盒感应器,当笼盒到位时,进行新垫料自动分装(见图 2-13)。分装台另外还配有高效过滤器并与真空负压(负压≥20kPa)管路连接,避免洁净垫料分装时粉尘扩散。洁净垫料分装台附近应设置吸尘器,用于吸取表面粉尘,确保操作环境的清洁。垫料自动加料系统可以和隧道式洗笼机相结合,清洗后的笼具自动翻转后接入加料系统,使这一系列操作实现自动化。

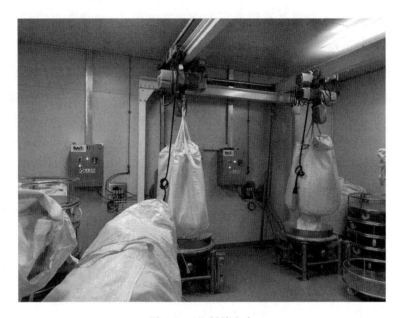

图 2-13　垫料填充台

2.2.3.4　消毒与灭菌

经清洗机填灌后的笼盒饮水瓶等须经严格的消毒灭菌后方可进入实验动物设施内部。《消毒技术规范》(2002 版)中明确定义了消毒(disinfection)和灭菌(sterilization)两个术语,消毒是杀灭或清除传播介质上病原微生物,使其达到无害化的处理;灭菌则是杀灭或清除传播介质上一切微生物的处理。因此,灭菌在一定程度上可看作是一种强度和作用水平非常高的消毒方式。消毒与灭菌是保证实验动物用房安全运转和保护环境的关键环节。

常见的消毒包括物理消毒、化学消毒和生物消毒三大类。本书附录 C主要介绍了和暖通空调系统设计相关度更高的物理消毒及化学消毒,读者可自行查阅。

SPF级别及以上的动物设施使用的物料都应经过消毒灭菌,根据进入屏障环境物料的属性不同,选择不同的消毒设备。饲养笼盒、饮水瓶、垫料、衣服和各种实验用具采用高压蒸汽灭菌器消毒;动物食用饲料采用放射性照射的消毒方法;工作人员的拖鞋等采用渡槽浸泡的方法消毒;对于不耐热、不耐水、不耐酸碱和不能进行放射性照射的物品采用传递窗紫外线消毒;过氧化氢蒸汽传递舱用于特定设备仪器如隔离器、动物笼等的表面消毒灭菌。下面简要介绍高压蒸汽灭菌器及过氧化氢灭菌传递舱的运行原理。

高压蒸汽灭菌器就是安装在物料进入洁净区内的一道"屏障"设施。通常的做法是将高压蒸汽灭菌器的主体跨过屏障墙,并设有两个门,一个门开启在非洁净区,物料由此门进入做蒸汽灭菌处理:另一个门开启在洁净控制区内,灭菌后的物料可从中取出使用。例如笼具与垫料送入动物室内前,在动物饲育盒中装入垫料,按灭菌器内部尺寸叠好,置入双扉高压蒸汽灭菌器中,经121℃、30min预真空灭菌,灭菌后从洁净区取出动物饲育盒待用。饲料、饮水、无菌服等都要经过相似的处理。一些大型的高压蒸汽灭菌器可对笼具甚至笼架进行处理。它一般以压力蒸汽为灭菌介质对物品表面进行彻底有效的灭菌,不同的灭菌器、灭菌室容量差别较大,额定工作压力和额定工作温度也有区别。

在大型动物设施内往往不止一台高压灭菌器,应根据具体情况和功能,选择不同类型、不同容量的高压灭菌器。按照样式和容积大小划分,高压蒸汽灭菌器可分为手提式高压蒸汽灭菌器、立式高压蒸汽灭菌器、卧式高压蒸汽灭菌器等。手提式高压蒸汽灭菌器的容积通常为18L、24L、30L;立式高压蒸汽灭菌器的容积范围通常为30～200L,进一步又可分为手轮型、翻盖型、智能型,智能型又分为标准配置型、蒸汽内排型、真空干燥型;卧式高压蒸汽灭菌器通常为大型卧式高压灭菌锅。一般来说,高压蒸汽灭菌器由灭菌室、控制系统、过压保护装置等组成。

高压蒸汽灭菌器除了有蒸汽供应(分为外置蒸汽发生器和内置蒸汽发生器)、热水排放等技术要求外,还需解决其设备散热的问题。一般来说,内置蒸汽发生器型高压蒸汽灭菌器散热量约为输入功率的 $10\%\sim15\%$(具体详见厂家计算过程)。对于暖通空调系统来说,在空调负荷计算时应考虑此区域的设备散热量,综合采取局部通风及局部空调措施,维修间内也需设置强制排风,换气次数可按 30 次/h 设置。

过氧化氢灭菌传递舱的消毒原理是通过过氧化氢蒸汽对物体表面进行消毒,其消毒灭菌过程可以在室温下进行,适用于不能高温灭菌的产品。过氧化氢为无色透明液体,是一种重要的无机化工原料,几乎无污染,分解产生的活性氧具有极强的氧化能力,可破坏微生物体内的原生质,杀灭微生物,也能破坏微生物的芽孢及病毒,具有广谱杀菌作用,从而达到消毒灭菌的目的。

过氧化氢灭菌传递舱进出料为双扉门结构,具有气动密封、气动紧锁以及工作状态下的双门互锁功能(见图 2-14)。整个灭菌过程包括进料—除湿—灭菌—通风排残。一般传递舱具备独立的通风排残单元,包括风机、气动蝶阀和排气管路,能够快速置换传递舱内的过氧化氢气体,并防止其进入暖通空调系统内。进出风口配置有 H14 或者更高级别的高效过滤器,并且具备检漏接口,腔室内的灭菌气体经排残后浓度不超过职业健康暴露要求的水平。我国 2017 年颁布了制药机械行业标准《汽化过氧化氢灭菌传递舱》(JB/T 20176—2017),对汽化过氧化氢灭菌传递舱的材料、外观、性能、灭菌质量等均做了详细的要求。

以西安富康空气净化设备工程公司为代表的国内企业还研发生产了装配式多效氙光传递舱,其采用脉冲氙光、干雾喷射、活性氧熏蒸的联合杀菌技术,可同时产生紫外线、过氧化氢(或过氧乙酸等消毒液)、臭氧三种消毒因子,适用于 IVC 笼架、大量转运笼具(可带动物)、推车等较大物品表面及间隙的快速消毒或灭菌。脉冲氙光是将积蓄在超大容量电容器中的

图 2-14　过氧化氢消毒舱

电能瞬间释放,通过高压电离灯管内的高纯氙气,产生持续仅有 10～100ms、能量高达 2J/cm² 、比紫外灯管高 200 倍以上的脉冲强光,能够有效破坏各种病原体。脉冲氙光技术将消毒时间从紫外线的大于 25min 缩短到了小于 3min,且具有一定的穿透能力,更适合对粗糙表面物件的消毒。

2.2.4　饲养设施

实验动物的饲养设施是整个设施中核心的一环,也是工艺布局设计的重点内容。一般说来,根据饲养动物的种属可分为陆生实验动物饲养设施和水生实验动物饲养设施,这两大类动物的饲养环境差别较大,必须有所区分。

陆生实验动物种类繁多,在实验动物中占比较大,要了解不同种类陆生实验动物的饲养要求,可参考各地区的地方性标准,部分参考标准,笔者总结如表 2-21 所示。

表 2-21 不同陆生实验动物饲养设施参考标准

动物种类	参考标准
猪	四川省《实验用猪 环境及设施》DB51/T 2756—2021
	海南省《实验动物 五指山猪环境及设施(普通环境)》DB46/T 252—2013
	江苏省《实验用猪 第 1 部分:环境及设施(普通环境)》DB32/T 1650.1—2010
羊	四川省《普通级实验用羊 环境及设施》DB51/T 2854—2021
	北京市《实验动物 环境条件 第 3 部分:实验用羊》DB11/T 1464.3—2017
猕猴	广东省《猕猴属动物饲养管理规范》DB44/T 348—2006
东方田鼠	湖南省《实验东方田鼠饲养与质量控制技术规范》DB43/T 951—2014
史宾格犬	江苏省《实验用史宾格犬 第 2 部分:饲养管理技术规范》DB32T 2913.2—2016
鸡	江苏省《普通级实验用鸡 饲养管理规范》DB32T 2130—2012
雪貂	江苏省《实验用雪貂 第 1 部分:环境及设施》DB32/T 2731.1—2015
	湖南省《实验用雪貂的饲养环境及设施规范》DB43/T 2288—2022
猫	河北省《实验动物 猫的饲养与管理》DB13/T 2411—2016
	四川省《普通级实验用猫 环境及设施》DB51/T 2851—2021

水生实验动物饲养室在国家标准《实验动物机构 质量和能力的通用要求》(GB/T 27416—2014)中有所规定,具体如下。

1. 应建立可靠的水生饲养生命支持系统,适用于水生动物的种类、大小、数量以及所用水族箱的安排情况,并可以方便地观察实验动物,需要时,应可以监测水质。

2. 应保持动物所需要的水温、光照和气压。水质应符合水生动物的生长需求,并不含可能干扰实验质量和影响动物的物质。

3.饲养系统应可以更新、清除废物和保持水质的各项指标(包括微生物指标)持续符合要求,应可以提供平衡、稳定的环境,保证可靠的氧气和食物供给,以维持动物的生活需要。

4.饲养环境的安排应满足水生动物的生理需求、行为要求、运动和社交活动。应控制可能干扰或影响动物的因素,特别注意光线、声音、振动对水生动物的影响。

5.应有措施防止水生动物逃逸,并可以避免动物被意外卡住或被锐利的边缘伤害。

6.如果涉及用电,应有机制防止人员或水生动物被电击。

7.房间所有材料和设计应防潮湿,地板应防滑、不积水,地面应有足够的重量荷载能力。

8.房间内所有设施和设备应可防潮和耐腐蚀,应有机制保证电气设备正常工作、良好接地和不漏电或有保护装置。

9.应有通风机制,避免形成水汽并在需要时降低温度。

不过,不论是陆生实验动物抑或是水生实验动物的饲养设施,就其饲养环境的营造而言,都可再细分为小环境和大环境。所谓小环境,也称为初级包围圈,是动物直接接触生活的物质环境条件,如笼盒等;所谓大环境,也称为次级包围圈,是指物理环境,如饲养间、厩舍等。两种环境相互作用,特别是小环境,受到大环境诸多因素的条件约束。

在设计饲养设施的工艺布局时,应根据饲养所需的空间大小进行平面规划。动物饲养空间的大小需考虑动物种类、健康状况、生理需求、繁殖性能、生长期、行为表现、社交活动、运动安全、相互干扰对空间的要求,美国ILAR《实验动物饲养管理和使用指南》基于专业评估和实践经验,提供了不同物种动物的推荐饲养空间,具体可参见附录D。

此外,工艺平面规划时还需厘清各类小环境设施设备的结构特征和技术要点,本书重点介绍典型的饲养小环境——独立通风笼具、隔离器等在实际中应用广泛。

(1)独立通风笼具

①独立通风笼具发展概况

IVC 是一种小型啮齿类实验动物(大鼠、小鼠、豚鼠等)的特殊饲养设备,可有效防止交叉感染,设备运行维护成本低,可用于饲养清洁、无特定病原体或感染的动物,替代传统的实验动物屏障系统,为实验动物提供屏障级净化环境。

1958 年,Lisbeth Kraft 博士在实验中为防止病毒扩散,制作了一种特殊的隔离小鼠笼,这就是 IVC 的雏形。1980 年以后,高效滤材的使用进一步提高了隔离笼的空气质量,由此 IVC 进入了商业化生产时代。20 世纪90 年代,IVC 的隔离效果被众多感染性实验验证,也因此,产品得到了广泛认可,经过几十年的发展与推广普及,IVC 在国内外的动物实验用房中已经被广泛采用,形成了相对成熟的产业链,目前,国内外生产 IVC 笼具的公司有 Allentown、Techniplast、Ehre、AD、山东新华医疗器械股份有限公司、苏州市冯氏实验动物设备有限公司等。

②独立通风笼具的结构及特点

IVC 系统主要由饲养笼盒、笼架、送风排风系统以及相应的控制系统组成(见图 2-15)。

IVC 是一种以小体积笼盒为单位的实验动物饲养设备,每个笼盒形成一个独立的"小环境",避免"大环境"污染实验动物或实验动物污染"大环境"。室内空气经送风系统初中效过滤器和高效过滤器过滤后进入主风管,净化空气经送风支管均匀分配,并通过即插即用快捷连接插嘴送到各个笼盒小环境,从而为实验动物提供均匀的低流速洁净空气。动物排放的废气、毛发和粉尘经笼盒内的滤毛装置过滤后经笼架排风管道进入主机箱的排风系统,经排风高效过滤器过滤后排放到室外。相比于应用开放式笼

图 2-15　某品牌 IVC 外观

具饲养动物的屏障环境,IVC 笼盒体积小、换气次数多,每个笼具内的换气次数高达 50 次/h 甚至更多,增加的换气率有效降低了笼内的 NH_3 和 CO_2 浓度水平,使用 IVC 后,实验动物环境的各项指标更易达到。此外,笼架还具有自动供水系统,大大节省了人力。

③独立通风笼具的分类

IVC 目前已发展出适用于不同使用条件的多种形式。

根据主体结构形式,IVC 可分为整体式和分体式两种。整体式 IVC 即 IVC 的送排风主机和控制系统均安装在笼架上,与笼架构成一个整体。目前市面上整体式 IVC 应用较多。整体式 IVC 有几点不利因素:一是投资较高;二是风机的维护较为繁琐,而且风机在室内的噪声和散热也是亟待解决的问题。分体式 IVC 即送排风主机和笼架结构分离,通过通风管道与送排风主机相连。这种设备省掉自身的送排风主机,不必再为笼架提供独立的应急电源,同时消除了风机产生的噪声、振动以及散热,且设备初投资也会相应降低,不过需要注意的是,笼架连接至送排风系统时容易发生压力与流量波动,需要采取相应的控制阀门控制气流稳定。

根据动物微生物学级别分类,IVC可分为饲养SPF(无特定病原体)级或GF(无菌)级动物的IVC和饲养感染动物或携带一定生物危险度级别(1~4级)微生物的动物的IVC。前者的主要作用是为动物提供无污染的微环境,使动物免受外界污染,后者主要防止动物携带危险微生物外溢并兼顾提供无污染微环境。

根据压力,IVC可分为正压IVC隔离笼具和负压IVC隔离笼具。正压IVC隔离笼具是指笼盒内压力高于外部环境压力,多用于清洁动物饲养;负压IVC笼具则指笼盒内压力低于外部环境压力,多用于感染动物实验。

④独立通风笼具的相关标准

IVC在国外已经形成了相对完备的标准体系可供参考,产品质量得到有效保障。国内尚没有IVC的国家级产品标准,但是江苏省已经出台了地方标准,起到了很好的示范引导作用,如表2-22所示。

表2-22　江苏省实验动物笼具相关规范

江苏省地方标准《实验动物笼器具 代谢笼》DB32/T 1215—2008	地方产品标准
江苏省地方标准《实验动物笼器具 独立通气笼盒(IVC)系统》DB32/T 972—2006	地方产品标准
江苏省地方标准《实验动物笼器具 塑料笼箱》DB32/T 967—2006	地方产品标准
江苏省地方标准《实验动物笼器具 笼架》DB32/T 969—2006	地方产品标准
江苏省地方标准《实验动物笼器具 层流架》DB32/T 970—2006	地方产品标准
江苏省地方标准《实验动物笼器具 饮水瓶》DB32/T 971—2006	地方产品标准

⑤独立通风笼具的技术指标

IVC系统本质上与大环境相同,均是为实验动物营造适宜的繁育环境,其环境指标的要求与2.1.2节所述基本一致,由于其特殊的笼盒结构也具有自身系统的独特性，接下来笔者依次针对 IVC 笼具系统的换气次数、洁净度、气流速度、静压差以及笼盒气密性几个主要性能参数进行简要介绍。

气流流速、换气次数、洁净度这三项指标关联紧密，这三个参数主要保障笼盒内的空气洁净度、温度、湿度、有害气体浓度等条件适宜。IVC 系统其笼具内空气流速一般范围为 $0.1\sim0.2\mathrm{m/s}$，动物水平上甚至低于 $0.1\mathrm{m/s}$，低空气流速可保持实验动物体温恒定；换气次数可进行 $10\%\sim100\%$ 的调节；高效过滤器选用 H14 级的 HEPA（高效过滤器）进或排气过滤器（对于 $>0.3\mu\mathrm{m}$ 的颗粒有效率为 99.997%）。对实验动物、操作人员、环境均起到保护作用。

笼盒是笼具的围护结构，是 IVC 笼具重要的防护屏障，笼盒的气密性是盒内气溶胶不外溢的强力保障。《实验室生物安全认可准则对关键防护设施评价的应用说明》（CNAS－CL53：2014）中要求"工作区气密性检测采用压力衰减法……检测结果应符合 EJ/T 1096 中的 2 类要求，低于周边环境压力 250Pa 下的小时漏泄率不大于净容积的 0.25%"。

笼具和外环境之间的静压差也是一道重要的保护屏障。一般地，普通饲养笼具需保持一定的正压差，然而，长期在压差环境下生存是否会对实验动物产生影响，仍需要实验动物科学家进行深入的研究。

此外，笼盒可选优质的 Polysulfone（PSU）材质，最高耐受 134℃高温，耐腐蚀，抗变形；或者 Polyeterimide（PEI）材质（化学分析：浸入 25% Ethylacetate 的乙醇溶液中 1min），可耐受更高温度，耐腐蚀、抗变形，使用寿命长。

表 2-23 是不同标准对各主要性能参数的要求。

表 2-23 不同标准对各主要性能参数的要求

标准号及名称	换气次数	洁净度	气流速度	静压差	笼盒气密性
《实验动物 环境及设施》GB 14925—2010	≥20 次/h	5 级/7 级	≤0.2m/s	≥50Pa	—
《实验动物设施建筑技术规范》GB 50447—2008	≥20 次/h	5 级/7 级	≤0.2m/s	≥50Pa	—
《实验动物笼器具独立通气笼盒(IVC)系统》DB32/T 972—2006	≥10 次/h	7 级	≤0.1m/s	≥10Pa	—

⑥排气通风式笼具

排气通风式笼具(exhaust ventilation closed-system cage,EVC)是一种新型的笼具设备,它继承了 IVC 通风笼具的特点,而且相比于 IVC 笼具,EVC 笼具优化了笼盒结构及其内部的气流组织,笼盒不像 IVC 分两层,即气流在底层从一端流向另一端,又从顶层折返,而是单层气流通道,笼盒的气流从一端流向另一端,出、入口滤器分置二端,每端仅设一个滤器,使滤器通道截面变大,这就有效地利用了笼内通道截面的通流能力,缩短了通道的通流长度,避免了紊流,同样的通气量可使通过滤器的气流速度降低,增大了滤器对微粒子的捕获作用。而且,气流的低端入口和高端出口,具有利用实验动物体温加热笼内空气而导致的拔风作用。

由于笼盒不需要双层,有效地利用了笼盒内的容积,所以 EVC 笼具饲养的动物密度高,并且旋转笼架的独特结构,大大节约了笼架间空间,节约占地建筑面积。

此外,EVC 系统的笼架与通风管道的连接十分简洁方便,截面大而压力低,当突然发生断电事故时,由于笼内通气的低阻力,在 24h 内,实验动物仍能维持安全通气。一般 IVC 系统各笼盒分别用进、排气管相连,各层笼盒间压力相差大,笼盒间可能会通气量不均匀,EVC 系统由于有大通道,各笼盒间的换气量相差相对小,通气量会更为均匀。

不过,大部分自动化清洗设施是针对 IVC 系统的笼盒开发的,而 EVC

系统的笼盒需要特殊订制。

⑦移动式微屏障系统

移动式微屏障动物饲养系统是由送排风系统与微屏障环境组合构成的,微屏障环境的大小尺寸形似常规衣柜,介于实验室大环境与笼盒小环境之间,底部设有不锈钢脚轮,方便移动,结构上四周送风中间排风,送风系统内置高效过滤器,排风带初效过滤,排风管直径为 φ89mm,顶部设有控制系统,可实现换气次数不小于 15 次/h,压差不小于 10Pa。移动式微屏障动物饲养系统灵活性强,适用范围广,甚至可以安装于普通设施内,在改造工程中可以使用。

(2)饲养隔离器

隔离器按用途细分可分为饲养隔离器、实验隔离器、手术隔离器、生物安全型负压隔离器、运输隔离器等,有些隔离器还可进行正负压转换,本小节所介绍的隔离设备均为正压饲养隔离器。饲养隔离器是保持内环境与外界隔离的实验动物饲育装置,是实现隔离环境的主要饲养设备。饲养隔离器由隔离器室、传递系统、操作系统、通风净化系统(送/排风机、中效和高效过滤器、静压箱、密封式风道)和各种控制电器组成。隔离器按材质可细分为软质隔离器和硬质隔离器,软质隔离器主体由柔软材料密封而成,主体空间大小随内外压差而变化,而硬质隔离器主体由硬质材料一体成型或经密封焊接而成,主体空间大小不随通风而变化。隔离器按饲养对象可细分为大小鼠隔离器、禽用隔离器等。

江苏省率先编制了隔离器的省级地方标准——《实验动物笼器具 隔离器》,国外规范主要依靠《洁净室及相关受控环境 第 7 部分:隔离装置(洁净风罩、手套箱、隔离器、微环境)》ISO 14644-7。《实验动物笼器具 隔离器》对隔离器的技术要求如下所示。

空气进风口经初效、中效、高效三级过滤,出风口中效、高效二级过滤,使隔离器室内在静态时的送风口洁净度达到 100 级,其他区域达到 100～

10000 级。

隔离器室内落下菌数应不得检出；

隔离器室内气流分布均匀,流速≤0.2m/s；

隔离器室内换气次数≥20 次/h；

隔离器室内饲养区内噪音≤60dB(A)；

隔离器室内外静压差≥50Pa。

①大小鼠隔离器

大小鼠隔离器主要用于饲养无菌小鼠或 SPF 小鼠,可在普通环境内按照标准操作规程将消毒灭菌的鼠笼盒、垫料及饮水瓶传递进出隔离器,方便动物的保种育种和饲养,为动物提供洁净的隔离环境并将动物排放的气体经过滤后排至室外。大小鼠隔离器(软包)主要由隔离软包、框架、置于隔离包内的鼠盒架、传递桶等部分组成。下列是某品牌大小鼠隔离器(软包)的采购需求。

外架尺寸:大小鼠隔离器外架应≤2350mm×800mm×2120mm,大鼠和小鼠饲育可通用。分为两层,每层可安装一个隔离器包,每层的台板支撑框架材料应为不锈钢,配置台板。框架安装方式为组装式,整体要便于搬运存放和安装。

隔离包尺寸:隔离包尺寸应与外架配合得当。

隔离外框支架为 304 不锈钢结构,最好采用圆钢结构,避免过多的棱角摩擦,与软包契合度高,可支撑软包。

隔离器应配备高效过滤桶,压差表,进排风阀门。高效过滤桶采用304 不锈钢制作,过滤桶内滤材可自主更换,整体滤桶可进行高温高压灭菌。每个隔离包进风口与出风口各配置 1 个高效滤筒,1 台隔离器共配置4 个滤筒,应提供 1/3 备用滤筒及 2 年滤材。

隔离包换气次数≥20 次/h(可调),风机箱出风口空气洁净度为 100级,噪音≤55dB(A),包内梯度压差为 50Pa,菌落数为 0 个/皿,氨浓

度 ≤14mg/m³。

转运仓口应为圆形,直径≥400mm,PVC 材质,置于隔离包侧面,每个隔离包配置一个转运仓,通过不锈钢固定器来固定。

传递桶内、外帽为透明 PVC 材料,内帽附带帽沿,方便操作,并配置两根硅胶密封箍,以保证内帽的密封性。

手套:操作手套每个隔离包配 4 只或 5 只,采用进口丁腈手套,能耐受常规消毒剂(如 84 消毒液、过氧乙酸等)和臭氧消毒,安装方式采用涂胶绑扎方式便于更换,应配 1 倍量的备用手套。

软包材质采用食品级高透明 PVC 薄膜,采用高频焊接技术,焊缝坚固均匀厚度 ≥0.5mm,操作袖套采用食品级 PVC 哑光膜制作,厚度 ≥0.35mm,使用寿命≥3 年。

每个软包内配有 1 个内架,内架应为 304 不锈材质,大鼠内架为 2 层,可放不少于 15 个笼盒。小鼠内架为 3 层,每套隔离器可放置不少于 30 个笼盒。

脚轮:材质耐磨不刮花地面,3 英寸带刹不锈钢 304 材质,其中 2 个带刹车装置,移动灵活。

②禽用隔离器

禽用隔离器的主体通过设置于底部的格网分隔出一体或分体的动物生活舱和排泄物舱,生活舱内一般配置有产蛋箱、照明灯、饲料桶及饮水器等,禽类产生的排泄物经污物处理系统排出隔离器。室内空气经高效过滤箱进入动物所在区,为其提供洁净空气,可用于饲养 SPF 禽类实验动物。禽类隔离器可参考的标准有《鸡用饲养隔离器》(NY 819-2004)、《实验动物 鸭饲养隔离器通用技术要求》,鸡、鸭隔离器的环境指标具体如表 2-24 和表 2-25 所示。

表 2-24　鸡隔离器环境指标

项目	指标
换气次数/(次/h)	≥20
气流速度(m/s)	鸡生存活动空间范围内 0.1～0.2
压强梯度/Pa	隔离器主体内、外压压差 100～150
空气洁净度	隔离器主体内 100 级,动物未进入时无菌检出;排风口排出气体 100 级
落下菌数	无菌检出
噪声/dB(A)	≤60
气密性	除送、排风口外,主体不应有漏气处

　　注:隔离器本身不具备调控(除非特殊配置)其主体内部空气温、湿度的能力,主体内空气温、湿度是随着外环境空气温、湿度状态而变动的,与外环境相比具有增温、降湿效应。使用鸡用饲养隔离器时,主体内空气温湿度需控制在 16～32℃、40%～70% 范围内。

表 2-25　鸭隔离器环境指标

项目	指标
温度	16～28℃,最大日温差≤4℃
相对湿度	40%～70%
气流速度(m/s)	实验动物生存活动空间范围内 0.1～0.2
换气次数/(次/h)	主体内≥20
静压差/Pa	主体内、外压压差≥50
空气洁净度	隔离器主体内、排风口排出气体 5 级
落下菌数	实验动物未进入时无菌检出
噪声/dB(A)	≤60
氨浓度/(mg/m³)	动态时主排风口氨浓度≤14
照度	工作照度≥200lx,动物照度 5～10lx,明暗交替时间 12/12h 或 10/14h
气密性	采用主体内部发烟法检测时,其缝隙处无可视气体泄漏。采用压力衰减法时,将主体内抽真空到−100Pa,计算衰减至 0Pa 的时间应不少于 5min

隔离器外部环境宜符合 GB 14925、GB 50447、NY 819 规定的亚屏障及以上环境设施，并保证有足够的新鲜洁净空气维持动物的健康、安全和舒适。鸭饲养隔离器使用外部环境指标见表 2-26。

表 2-26　鸭饲养隔离器使用外部环境指标

项目	指标
温度/℃	16～28
相对湿度	40%～70%
噪声/dB(A)	≤60
照度/lx	最低工作照度≥250
换气次数/(次/h)	≤10 或 15
静压差/Pa	≥10
空气洁净度	静态时洁净度应达到 8 级或 7 级

2.2.5　非特殊实验设施

本书中的"非特殊实验设施"是指除特殊实验设施以外的其他实验设施，如行为学实验设施、GLP 实验设施等，本小节也主要对这两种实验设施进行介绍。

2.2.5.1　行为学实验设施

动物行为学是研究动物各种行为的功能、机制、发展和进化的一门学科。动物行为学的研究对象从正常动物扩展为实验动物，从而对生命科学，尤其是神经科学的发展发挥了重要的作用。动物行为学属于生态学范畴，行为同生态的关系是通过个体建立的，所以行为学又称为个体生态学。行为分析是用来理解行为和行为变化的原因，传统的行为学就是来解释五个"什么"，即什么动物？做什么？为什么这样做？什么时候？在什么地点？行为的表现是基因与环境互作的结果。传统的动物行为学研究早在19 世纪就形成了两个学派，即强调实验研究的学派和主张在自然条件观察的学派。20世纪70年代以来,动物行为学已成为生命科学研究领域中极为活跃和重要的一个分支学科,除了研究动物行为本身,还把研究内容从维系群体的作用扩展到行为的个体发育进化史、行为的控制以及社会性组织等方面,并衍生出行为遗传学与行为生态学。

动物行为实验方法学是动物行为学的重要内容,是融合动物学、医学、药学、生物学、电子工程、计算机等多学科的基础理论、技术和方法,以正常或实验动物为研究对象,在自然界或实验室内,以观察和实验方式对动物的行为信息进行采集、分析和处理,将实验结果推演至人,研究其行为信息的生理和病理意义。由于直接以人体作为对象开展科学研究尤其是暴露于物理刺激源或特殊极端环境下的生物效应研究存在风险并受到伦理学制约,鉴于动物与人类在进化上的高度保守性,利用实验动物不同层次的相应特征与人类相比具有相似性,进行动物行为实验研究,建立模型推演,进行动物行为与人的生物效应等效性分析,已经成为揭示人体生物效应及生命活动基本规律,研究人类疾病表现和发病机制,开展新药和健康产品的有效途径。

目前主要的行为学实验包括学习记忆行为实验、抑郁行为实验、焦虑行为实验、恐惧行为实验、自发活动行为实验、节律行为实验、攻击行为实验、防御行为实验、繁殖行为实验、沟通行为实验、利己行为实验、等级行为实验等,研究最多的主要是学习记忆、情绪和运动行为实验。学习记忆行为学评价的典型方法是1981年Morris建立的水迷宫方法,该方法被广泛应用于学习记忆、老年痴呆、海马/外海马研究、智力与衰老、新药开发筛选及评价、药理学、毒理学、预防医学、神经生物学、动物心理学及行为生物学等多个学科的科学研究和计算机辅助教学等领域,在世界上已经得到广泛认可,是医学院校开展行为学研究尤其是学习与记忆研究的首选经典实验。

美国ILAR《实验动物饲养管理和使用指南(第八版)》指出"在规划用于行为学研究的动物设施时应特别注意设计、施工、设备和使用的各个方面,否则这些因素可能会产生对测试动物不适当的感官刺激,有必要将动物维持在听觉、视觉、触觉和嗅觉刺激都严格控制的环境中,另外,测试动物的转进和转出可能会改变测试动物的行为反应,因此考虑在紧邻实验区的地方提供动物饲养场所"。图 2-16 是山东中医药大学小动物神经行为学实验设施的工艺布局示意,可以看出,实验动物的饲育室紧邻行为学实验区。

除一般的室内环境要求外,行为学实验设施对光照、隔音、给排水、电力配备、智能化设施等一般还有特殊要求,如提到的 Morris 水迷宫最主要的附件就是水池,水池的质量及功能是实验不可缺少的部分,在实验中水温是实验的关键,无菌冷热水一般要求分别独立提供,水压为 0.3～0.5MPa,下水口做洁净密闭处理。

2.2.5.2 GLP 实验设施

药物非临床研究质量管理规范(good laboratory practice,GLP)是药物进行临床前研究必须遵循的基本准则。其内容包括药物非临床研究中对药物安全性评价的实验设计、操作、记录、报告、监督等一系列行为和实验室的规范要求,是从源头上提高新药研究质量、确保人民群众用药安全的根本性措施。GLP 认证是指国家食品药品监督管理总局对药物非临床安全性评价研究机构的组织管理体系、人员、实验设施、仪器设备、实验项目的运行与管理等进行检查,并对其是否符合 GLP 作出评定。

1972—1973 年,新西兰、丹麦率先实施了 GLP 实验室登记规范。美国食品药品监督管理局(FDA)于 1976 年 11 月颁布了 GLP 法规草案,并于 1979 年正式实施。1981 年,国际经济合作与发展组织(Organization for Economic Cooperation and Development,OECD)制定了 GLP 原则。20 世纪 80 年代,日本、韩国、瑞士、瑞典、德国、加拿大、荷兰等国也先后实施了 GLP 规范。GLP 逐渐成为国际通行的确保药品非临床安全性研究质量的规范。我国的 GLP 工作起步较晚,直至 20 世纪 80 年代末,GLP 的概

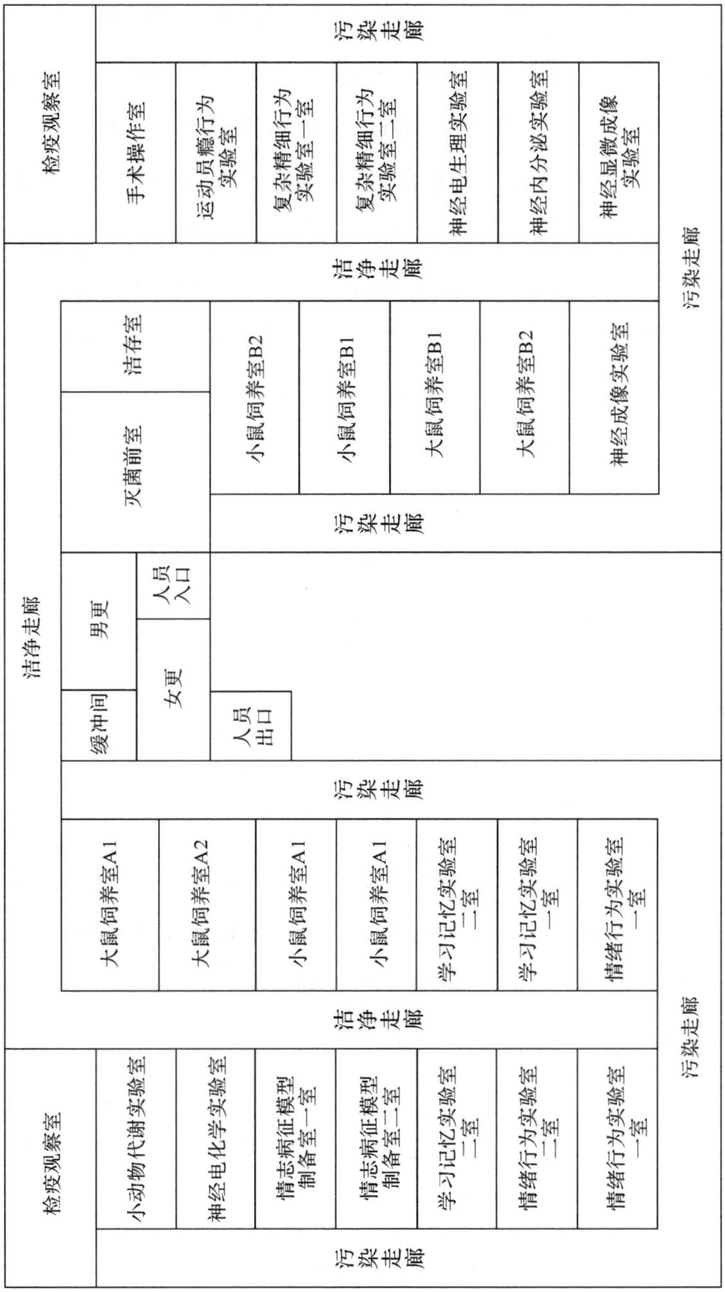

检疫观察室		污染走廊						
	手术操作室	运动员瘵行为实验室	复杂精细行为实验室一室	复杂精细行为实验室二室	神经电生理实验室	神经内泌实验室	神经显微成像实验室	

洁净走廊

	洁存室						污染走廊
灭菌前室	小鼠饲养室B2	小鼠饲养室B1	大鼠饲养室B1	大鼠饲养室B2	神经成像实验室		

洁净走廊

缓冲间	男更	人员入口	
	女更	人员出口	

污染走廊

大鼠饲养室A1	大鼠饲养室A2	小鼠饲养室A1	小鼠饲养室A1	学习记忆实验室二室	学习记忆实验室一室	情绪行为实验室一室	洁净走廊

污染走廊

检疫观察室	小动物代谢实验室	神经电化学实验室	情志病征模型制备室一室	情志病征模型制备室二室	学习记忆实验室二室	情绪行为实验室二室	情绪行为实验室一室

污染走廊

图 2-16 某行为学实验室平面布局

念才被引入国内,1993 年开始起草、试点实施 GLP 规范,1993—2007 年共修订 3 次 GLP 规范,自 2007 年开始,所有新药安全性评价研究必须在经过 GLP 认证的实验室进行。2015—2016 年国家食品药品监督管理总局再次组织修订,2017 年 9 月 1 日起,执行新版的《药物非临床研究质量管理规范》。

非临床安全性评价内容十分丰富,其中最重要的是观察药物对动物各个器官系统的功能和结构的损害程度。要保证动物实验取得准确可靠的实验结果,需要规范化的动物实验室,GLP 规范是实施优良实验室操作的基础保障,GLP 规范中对动物实验的各个环节均有相对详尽的规定,本书仅摘录新版 GLP 规范中对"动物设施"的基本要求,具体如下。

具备能够满足研究需要的动物设施,并能根据需要调控温度、湿度、空气洁净度、通风和照明等环境条件。动物设施的条件应当与所使用的实验动物级别相符,其布局应当合理,避免实验系统、受试物、废弃物等之间发生相互污染。

动物设施应当符合以下要求:

(1)不同种属实验动物能够得到有效的隔离;

(2)同一种属不同研究的实验动物应能够得到有效的隔离,防止不同的受试物、对照品之间可能产生的交叉干扰;

(3)具备实验动物的检疫和患病实验动物的隔离、治疗设施;

(4)当受试物或者对照品含有挥发性、放射性或者生物危害性等物质时,研究机构应当为此研究提供单独的、有效隔离的动物设施,以避免对其他研究造成不利的影响;

(5)具备清洗消毒设施;

(6)具备饲料、垫料、笼具及其他实验用品的存放设施,易腐败变质的用品应当有适当的保管措施。

GLP 实验设施内一般设有供试品区、标本前处理区、毒性检测实验区、解剖区、办公区等。

供试品的有效管理是保证药物非临床研究的关键,通常设置有供试品的收发室、储藏间(具备室温 2~8℃、-20℃ 的保存条件)、配制室等。

标本前处理区一般设有取材室、标本暂存间、固定/脱水/浸蜡/包埋室、切片室、染色室、阅片室等。标本前处理的流程一般按如下进行:获取的组织样本经离心等处理后加入固定液,固定后的组织材料需除去留在组织内的固定液及其结晶沉淀,否则会影响后期的染色效果,因此需采用自动脱水机进行脱水,脱水剂一般为酒精,由于酒精不能与石蜡相溶,为了不影响下一步浸蜡,需要用能同时与酒精和石蜡相溶的媒浸液,即透明剂(一般为二甲苯、氯仿等),替换出酒精,然后再将石蜡浸入组织取代透明剂,再在包埋机中冷却成固体样本,包埋好的蜡块放置在石蜡切片机中进行石蜡切片,将蜡片展平后放在载玻片上铺正并烘干,干燥后的切片经过脱蜡及水化后用染液对组织中的不同成分进行相应颜色的染色,最后滴加中性树胶,加盖玻片封片。

免疫组织化学检查、原位杂交、聚合酶链式反应(polymerase chain reaction,PCR)等技术是检测实验区所应用的关键技术。免疫组化通过对细胞的鉴定来判断某些恶性肿瘤的转归和预后,免疫组化实验室内一般配置仪器有全自动免疫组织化学仪、冰箱、光学显微镜、水浴锅、烤片机、pH计、高压消毒锅等。

原位杂交是指将特定标记的已知序列核酸为探针与细胞或组织切片中的核酸进行杂交,从而对特定核酸序列进行精确定量定位的过程,仪器设备包括杂交仪、水浴箱、冰箱、pH计、荧光显微镜、离心机等。

聚合酶链式反应(PCR),它是一种分子生物学技术,用于放大 DNA片段,可看作生物体外的特殊 DNA复制,专门用来检验艾滋病、乙型肝炎、禽疫病等病毒感染性疾病。当前,PCR实验室广泛应用于医疗机构中的疫病检验,2010年,卫生部办公厅制定并发布了《医疗机构临床基因扩增检验实验室管理办法》以及《医疗机构临床基因扩增检验实验室工作导则》（以下简称导则），2020 年 9 月，国家卫生健康委、国家发展改革委制定了《医疗卫生机构检验实验室建筑技术导则（试行）》，其中也对 PCR 实验室的设计进行相关规定。PCR 实验室主要配置有核酸扩增仪、冰箱（2～8℃、－20℃）、水浴箱、生物安全柜、高速离心机、微量加样器等。常见的组合型 PCR 实验室如图 2-17 所示，当采用实时荧光定量 PCR 仪时，核酸扩增区和产物分析区可合并为一区，当采用自动化核酸分析设备时，样本制备、核酸扩增及产物分析可合并为一区。

试剂准备 （正压）	标本制备 （负压）	核酸扩增 （负压）	产物分析 （负压）
缓冲 （正压）	缓冲 （负压）	缓冲 （负压）	缓冲 （负压）
专用走廊（常压）			

图 2-17 组合型 PCR 实验室布局示意

PCR 反应的最大特点就是极高的灵敏性，极其微量的污染就会造成 PCR 实验结果的假阳性，因此组合型 PCR 实验室设计的核心问题就是避免交叉污染，而组合型 PCR 实验室的平面布局模式及各区域的压力梯度控制成为了解决这一核心问题的关键。根据导则要求，PCR 实验室各个区域无论在空间上还是使用中必须完全独立，不能有任何空气的直接相通。空气流向可按照试剂储存和准备区—标本制备区—扩增区—产物分析区压力递减的方式进行，防止各区域空气的交叉污染。

标本前处理及检测实验区使用有毒有害挥发性溶液较多，因此使用通风柜也较多，取材柜、标本柜等也都有局部排风的要求。通风柜（或称排风柜）的出现就是为了使实验人员免受空气污染物质的伤害，1923 年，世界上公认的第一台现代通风柜出现在英国利兹大学。通风柜被用来排除实验过程中所产生的有害气体，是化学实验室中控制空气污染关键的局部排风设备。通风柜是一个封闭的通风操作空间,用以捕集、容纳、排除封闭空间内所产生的污染物,通风柜包括侧壁、后壁、上部封闭平板、底板、开放入口、工作台、挡板、导流系统等(见图 2-18)。

图 2-18　通风柜示意

通风柜相关的国内外参考规范有:

中国 JB/T 6412—1999《排风柜》;

中国 JG/T 222—2007《实验室变风量排风柜》;

中国 JG/T 385—2012《无风管自净型排风柜》;

美国科学仪器设备实验室家具学会 SEFA 1—2010《实验室通风柜》;

美国采暖、制冷与空调工程师学会 ASHRAE 110—2016《实验室通风柜性能测试方法》;

欧盟/英国国家标准协会 BS EN12175《通风柜》。

国外针对通风柜的研究起步较早,标准体系建设更加成熟。美国 SEFA 1《实验室通风柜》自 1988 年发布以来,现在已经更新至第 5 版,共 6 章内容,包括通风柜的目的、范围、定义、生产、安装、使用;美国 ASHRAE110 是专门针对通风柜性能测试的规范,最早发布于 1985 年,后来进行了大规模修订,现在已更新至 2016 年版;欧盟 BSEN 14175 分为 6 个子项,包括术语、安全及性能要求、测试方法、现场测试方法、安装维护建议、变风量通风柜,每个子项单独成册。我国 20 世纪 60 年代起对排风柜进行实验研究,20 世纪 90 年代后期编制了机械行业标准《排风柜》,主要对定风量排风柜性能试验进行详尽的说明,2004—2005 年又进行了《变风量排风柜》标准的制定,2012 年 11 月 1 日《无风管自净型排风柜》开始实施,这是一部适用于无风管自净型排风柜系列产品的专用规范。

面风速是通风柜的主要性能指标。根据《SEFA1-2 实验室通风柜推荐措施》,通风柜面风速宜为 100fpm(0.51m/s),事实上,根据不同实验的应用以及实验室是否有人,风速最低可低至 80fpm(0.41m/s),最高可至 150fpm(0.76m/s)。美国工业卫生协会 AIHA 标准 Z9.5 针对不同风速段对通风柜的性能影响进行了简单介绍。

需要注意的是,面风速并非越高越好,典型的通风柜操作为操作人员会站在通风柜正面,操作通风柜内的仪器设备,此时从正面进入通风柜内的气流会在操作人员的周围产生涡流,而涡流则可能将通风柜内产生的污染物带出,并沿操作人员身体四周升至呼吸区,通风柜的面风速越高,涡流则会越大。同时,也要注意,面风速不是影响通风柜安全性能的唯一指标,通风柜的内部结构(如挡板位置、排风管道的安装位置)、通风柜周围的气流组织以及实验室门的开启和人员等都会直接或间接影响通风柜的安全性能。

为保证通风柜能够有效地控制有害物质的扩散,通风柜需进行严格的性能测试,可参考 ASHRAE110、BS EN12175 等,一般包括三种:流场显示 (flow visualization)、面风速测试(face velocity)以及密闭性(containment)。

2.2.6 手术及成像技术设施

(1)手术设施

手术设施的设计需根据拟进行手术的动物种类和操作过程来确定。手术室的设计和建造原则是控制污染(包括交叉污染和污染扩散,特别是通过气溶胶传播的污染物),易清洁和易消毒灭菌,以及适宜手术流程管理。对于大多数啮齿类和其他小型动物的活体外科手术,一般使用动物实验操作室即可,但需专门管理以防止非手术期间由其他活动而导致污染;对于大型动物,其手术设施的空间需求更大,一般设有专门的保定设备及液压手术台,有些还设置有成像设备、腹腔镜设备等专用设备。外科手术设施需考虑与诊断实验室、成像技术设施、动物饲养室以及工作人员办公室等各功能区域的相互关系,集中布局可有效节约空间与人力,优化动物输送路线。

外科手术设施自身可分为手术支持区、动物术前准备区、手术区以及术后恢复区等。手术支持区主要用于手术器械的清洗、灭菌、储存和供应。动物术前准备区一般安装有大型水槽,用来清洗动物等。术后恢复区主要用于支持动物的麻醉复苏和手术康复,为了充分观察动物,一般设置有监测设备。应保证手术室和术后恢复室的温度及其变化范围满足相应要求,两室的温差绝对值不应超过 3℃。外科手术设施应当与其他区域充分隔离,减少不必要的人流、物流,降低可能的污染。已经有研究证明,工作人员的数量及其活动的程度,直接与细菌污染的程度和术后创伤感染的发生率有关。

手术设施中,解剖手术台的应用必不可少。实验动物手术台是指用于固定或支撑动物并对动物实施解剖、手术的工作台及其辅助装置。手术台可分为大动物手术台和小动物手术台。大动物手术台主要适用于猪、兔、犬等实验动物,小动物手术台主要适用于大鼠、小鼠、豚鼠等实验动物。实验动物手术台主要由台面、支架、固定装置、抽屉(物品箱)、机械或电控装置等部件构成,负压解剖手术台在上述基础上还应设有通风排污系统,当用于解剖实验室时,排风机启动,在解剖手术台上形成局部负压,实验中的麻醉气体、动物异味等通过密布的解剖台通风口吸入排气管道再排至室外,一般该通风系统的最小容量为 $1000m^3/h$。

(2)成像技术设施

动物活体成像技术提供了一种非侵害性的研究方法,可以从活体动物、组织和细胞水平进行结构和功能的定性和定量研究。动物活体成像技术主要分为可见光成像、核素成像(PET/SPECT)、核磁共振成像(MRI)、计算机断层扫描(CT)和超声成像五大类。动物成像技术在生命科学和医药研究中发挥着越来越重要的作用,特别是小动物成像技术,已经成为目前发展较快、市场前景较好的一个新兴领域。动物活体成像技术的设施设计离不开了解影像学设备的成像技术原理、使用要求以及可能造成的环境影响等,不同的影像学设备有一定的差别,一些成像设备可能机器自身具有防护屏蔽功能(如辐照仪),而另一些成像设备可能需要混凝土、铅板或不锈钢板金属内衬等屏蔽结构(如磁共振机)。在工艺布局中要注意影像设备的设置地点,本身要远离可能产生电离或电磁辐射的地点,远离水泵房、冷水机房、空调机房等。另外,若设置在动物设施外的独立场所内要具备合适的动物运输路线,避免动物在运输中暴露在办公、餐厅等公共区域,同时应注意设备在使用时可能造成的不同种类动物和人类的交叉感染。影像设备多属于贵重仪器,为避免系统漏水造成贵重设备损失,空调通常采用变冷媒流量多联式空调系统,而不采用风机盘管空调水系统,对于有待机要求或连续运行要求的设备建议再设置应急备份空调。

由于篇幅受限,笔者主要对常见的影像学设备及其使用要求进行简单介绍,其他使用中可能遇到的影像设备,读者可根据供货商的安装文件自行了解。

①X射线辐照仪。通过人工电子装置产生的高能X射线对细胞或小动物进行照射,从而用于干细胞、DNA损伤、细胞培养、肿瘤、免疫、基因治疗、药物研发等生物技术研究。在放射治疗应用中,通常利用的X射线能量范围为90~300kV。50~150kV被称为浅表X射线,超过90%的入射剂量造成的损伤集中在表面以下5mm深度,通常用于治疗皮下肿瘤。200~500kV称为中电压X射线,超过90%的入射剂量集中在表面以下2cm的深度内,通常用于深度肿瘤的治疗。一般,X射线辐照仪160kV型适用于小鼠浅层照射,225kV型和320kV适用于小鼠和大鼠的照射。辐照仪的安装十分简单,可在普通环境下使用,一般没有特殊的冷却要求,用电功率为3~4kW,整机净重约2000kg,可配置带过滤层盖的鼠笼。

②CT,即电子计算机断层扫描。它是利用精确准直的X线束、γ射线、超声波等,与灵敏度极高的探测器一同围绕某一部位作一个接一个的断面扫描,具有扫描时间快、图像清晰等特点,可用于多种疾病的检查。CT设备主要由扫描部分、计算机系统以及图像显示和存储系统组成,其中扫描部分又由X线管、探测器和扫描架组成。CT的扫描方式分为平扫描、增强扫描和造影扫描三种,一般CT检查都是先作平扫,增强扫描是指用高压注射器经静脉注射注入水溶性有机碘剂再进行扫描,造影扫描则是先作器官或结构的造影,然后再进行扫描。小动物CT系统在小动物骨和肺部组织检查等方面具有独特优势,高分辨率小动物CT系统在研究软组织肿瘤和转基因动物的特征性结构上取得了较好的效果。小动物CT可自带屏蔽系统,不需额外设置屏蔽房间,节约安装成本。目前小动物用CT机的主要厂商生产设备有日本日立的Aloka Latheta LCT200,德国BRUKER公司的SKYSCAN 1278,CT imaging公司的Micro－CT TomoScope Synergy,PerkinElmer公司的Quantum GX micro－CT成像系统等。以LCT 200为例,

其使用温度范围为 18～28℃,使用湿度范围为 30％～80％(不可结露),其重量约为 220kg,主机功率约为 0.4kW(AC100V)。

③磁共振成像(magnetic resonance imaging,MRI)技术诞生之初曾被称为"核磁共振成像",但是这个"核"指的是原子核,而不是电离辐射,因此为避免歧义后更名为"磁共振成像"。MRI 通过对静磁场中的人体或动物体施加某种特定频率的射频脉冲,使氢质子受到激励而发生磁共振现象,停止射频脉冲后,氢质子按特定频率发出射电信号,被体外的接收器接收,经电子计算机处理获得图像。MRI 具有微米级的高分辨率和低毒性,能同时获得生理、分子和解剖学的信息,目前主要应用于动物疾病模型早期诊断、肿瘤疗效的观察和研究、药物研究、脑功能成像、共振波谱成像及脑科学与脑神经功能分子影像学研究。笔者以 Bruker Biospec 70/20 USR 7.0T 高场小动物磁共振成像仪为例,介绍动物 MRI 设施的相关设计。

MRI 通常由扫描室、控制室、设备间和专用更衣室等辅房组成,各个房间的仪器设备具体如表 2-27 所示。

表 2-27　MRI 房间尺寸及设备要求

房间	仪器设备	房间建议最小尺寸/m(长×宽×高)
扫描室	MRI 主机、扫描床等	7.5×5.5×4.0
控制室	控制台、影像处理和监护设备等	3.0×4.0×4.0
设备间	专用空调机组、配电柜、射频放大器、梯度放大器、压缩机、变压器、氦压缩机柜、水冷机等	3.0×6.0×4.0

为避免振动及电磁场的干扰影响,MRI 机房的选址要尽量远离停车场、地铁、电梯、自动扶梯、空调主机房、水泵房、变电所等,为达到磁共振基准磁场的要求,对建筑物钢筋混凝土结构中的钢筋用量应有一定的限制,否则会影响磁场的均匀性。MRI 机房要防止外部射频进入影响 MRI 图像质量,建筑围护结构需设置射频屏蔽措施,一般采用 0.5mm 厚的铜板,

观察窗也要用铜网屏蔽,所有进出管线如控制电线、风管等通过安装在射频屏蔽上的各种滤波器才能进入,屏蔽设计一般由专业公司设计完成。

MRI 对周围环境温度有明确要求,某品牌 MRI 的具体参数如下,显然,温湿度均具有一定的恒定要求(见表 2-28)。扫描室的空调一般设置为内双压缩机系统的风冷直膨式恒温恒湿空调机组,采用上送上回的气流组织形式,设备间内设备散热量较大,冷负荷指标较大,各个型号差别较大,如 Signa HDx 1.5T 设备散热量为 23kW,Discovery MR750 3.0T 设备散热量为 12kW,根据厂家安装需求可配置机房专用空调,操作室按舒适性空调考虑即可。

表 2-28 核磁室的温湿度要求

房间	磁体间	操作间	设备间
温度/℃	20~24	20~24	20~24
温度变化率/(℃/h)	≤2	≤2	≤2
湿度/%	40~80	40~80	40~80
湿度变化率/(%/h)	≤5	≤5	≤5
散热量/kW	1.6	2	4.5

《综合医院建筑设计规范》(GB 51039—2014)第 7.7.7 条中要求"磁共振机的液氦冷却系统应设置单独的排气系统,并应直接连接到磁共振机的室外排风管。"这是因为 MRI 采用液氦创造低温超导环境,考虑到超导磁体可能故障停机以及日常的液氦蒸发,因此须安装管道将氦气排至室外。失超排气一般由 MRI 厂家和专业屏蔽公司共同完成。失超管要直通室外安全区域,失超管一般出口高出室外地坪 3.5m,管道出口防止雨、雪及老鼠等异物进入,因其会喷出大量超低温(-268℃)液氦,还要设置警示牌,提醒周围人群。失超管直径一般按照 250mm(具体根据厂家要求,也有 150mm)设计,由不锈钢或铝管构成,外覆 38mm 厚柔性闭泡绝热材料,绝热材料外加设 PVC 保护套,失超管不宜过长,建议不超过 15m。

MRI 的磁体间通常要求安装紧急排风系统，排风量大于 $34m^3/min$，且确保磁体间每小时的换气次数不小于 12 次，紧急排风口需安装在失超管附近的吊顶最高处，出口需在安全的室外且独立于失超管，当紧急排风启动时，需 5%～7% 的室外空气补充进磁体间。

2.2.7 储存设施

实验动物设施中需要有足够的空间供设备储存、材料、饲料、垫料、样品和废弃物。

饲料和垫料需要分开存放，防止虫害和毒性污染。饲料的储存区应保持相对较低的温度及相对湿度，一般室内温度要求在 21℃ 以下，湿度控制在 50% 以内。

废弃物存放区应与其他物品的存放区分开，动物尸体和动物组织废料必须低温存放，储存温度一般低于 7℃，可在房间内设置低温冰箱。低温冰箱散热较大，特别是多台冰箱集中放置时，一般要求加装空调以控制室温，室内温度宜低于 30℃。

样品库房则常使用低温冰箱或液氮罐，液氮液相部分的温度（−196℃）是目前常规方法所能达到的最低冻存温度，在此温度下，样本内的生命活动基本停止，是长期保存样本内细胞活性、组织器官的复杂结构及活性的最有效方法，在实验动物设施中，可用来进行小鼠品系的精子冷冻，如图 2-19 所示。

液氮罐采用先进抽空技术、绝热技术和高真空持久保持等技术保障了样本的安全存储和良好均匀的温度特性以及低氮消耗特点。液氮库应特别注意排风的设计，全室排风不下于 12 次/h，兼做事故通风（事故通风口设置于下侧），与 O_2 浓度监测联锁，当室内 O_2 浓度低于设定值时应能开启声光报警，联锁启动事故通风措施。

图 2-19   液氮罐示意

参考文献

[1] AK－KAB 笼盒清洗设备工作组. 动物实验室笼盒清洗设备质量标准 [Z/OL]. http://www.felasa.eu/about－us/library.

[2] 陈大兴,雷建锋,赵媛媛,等. 7.0T 小动物磁共振成像仪器设施建设 [J]. 计算机与应用化学,2014,31(2):247-250.

[3] 曹冠朋,曹国庆,陈咏,等. 生物安全隔离笼具产品和标准概况及现场检测结果[J]. 暖通空调,2018,48(1):7.

[4] 李超英,赵文阁,亓新华. 温度、湿度、饲养密度、噪音对实验动物福利的影响[J]. 河南科技学院学报(自然科学版),2006,34(3):24-25.

[5] 李冬梅,万春丽,李继承. 小动物活体成像技术研究进展[J]. 中国生物医学工程学报,2009,28(6):916-921.

[6] 乔明哲. 现代医院影像中心建筑设计研究[D]. 西安:西安建筑科技大学,2017.

［7］上海市消毒品协会.医院消毒技术规范［M］.北京：中国标准出版社，2008.

［8］山内忠平.实验动物的环境与管理［M］.上海：上海科学普及出版社，1989.

［9］孙秀萍，王琼，石哲，等.动物行为实验方法学研究的回顾与展望［J］.中国比较医学杂志，2018，28（3）：1-7.

［10］魏盛，耿希文，徐凯勇，等.小动物神经行为学实验平台规划设计原则及施工建设要求［J］.中国比较医学杂志，2022（4）：107-115.

［11］尹松林，傅江南.实验动物独立通气笼盒系统设计与应用［M］.北京：人民军医出版社，2008.

［12］余思义.SPF级实验动物屏障设施内物品及空气消毒方法研究［D］.武汉：华中农业大学，2005.

［13］战大伟，江其辉，仇志华，等.独立通风笼（IVC）在实验动物学中的应用［J］.中国比较医学杂志，2006，16（10）：631-634.

3 净化空调系统概述

3.1 空气洁净度

空气洁净度的概念是以空气中所含有的微粒浓度来衡量的,以单位体积内存在的微粒个数表示洁净等级,级别越高,数值越小。

1963 年,美国提出了 FED－STD－209 洁净室标准,在这项标准中,按每立方英尺中≥0.5μm 尘粒数量的最高允许浓度,将洁净室分成若干个等级,即通常称百级、千级、万级、十万级等,如 100 级为每立方英尺的空气中允许≥0.5μm 尘粒最高数为 100 粒。长期以来,世界上许多国家都是按这个分级方法分级的,中国过去的洁净室标准也是按这种方法分级的,仅仅把量纲改为国际单位制量纲推算得出各洁净等级的允许尘粒数,如 100 级为每立方米的空气中允许≥0.5μm 尘粒最高数量为 3520 粒。直至 1992 年,美国联邦标准 FS209E 才出现以国际单位制为单位的洁净级别标准,即每 1 立方米体积中各个不同粒径的微粒的含量,日本的标准 JISB 9920 中,也是以公制为单位的,并同样以 0.5μm 为主要代表粒径。美国联邦标准 FS209E 的空气洁净度级别如表 3-1 所示。

表 3-1　FS209E 的空气洁净度级别

级别名称		级别限值				
国际单位	英制单位	0.1μm 容积单位 m³(ft3)	0.2μm 容积单位 m³(ft3)	0.3μm 容积单位 m³(ft3)	0.5μm 容积单位 m³(ft3)	5μm 容积单位 m³(ft3)
M1		350 (9.91)	75.7 (2.14)	30.9 (0.875)	10.0 (0.283)	— —
M1.5	1	1240 (35.0)	265 (7.50)	106 (3.00)	35.3 (1.00)	— —
M2		3500 (99.1)	757 (21.4)	309 (8.75)	100 (2.83)	— —
M2.5	10	12400 (350)	2650 (75.0)	1060 (30.0)	353 (10.0)	— —
M3		35000 (991)	7570 (214)	3090 (87.5)	1000 (28.3)	— —
M3.5	100	— —	26500 (750)	10600 (300)	3530 (100)	— —
M4		— —	75700 (2140)	30900 (875)	10000 (283)	— —
M4.5	1000	— —	— —	— —	35300 (1000)	247 (7.00)
M5		— —	— —	— —	100000 (2830)	618 (17.5)
M5.5	10000	— —	— —	— —	353000 (10000)	2470 (70.0)
M6		— —	— —	— —	1000000 (28300)	6180 (175)
M6.5	100000	— —	— —	— —	3530000 (100000)	24700 (700)
M7		— —	— —	— —	10000000 (283000)	61800 (1750)

　　表中也可以很明确地看到国际单位与英制单位的对应关系,应当说明的是现行的洁净度等级不一定是 10 的指数幂,也可以定义任意级如 50 级、200 级、3000 级……这可使检测量定性量化更为细致。

　　我国的洁净度等级制定始于 20 世纪 70 年代,前期主要参考美国联邦标准 FS209E。1999 年,国际标准化组织 ISO 颁布了一项国际标准《ISO 14644-1 洁净室及相关受控环境 第 1 部分:空气洁净度等级划分》,标准中采用了新的分级。在我国的《洁净厂房设计规范》修订过程中,涉及洁净技术的各有关单位、科技人员和专家们都强烈希望"规范应与国际接轨",为此《洁净厂房设计规范》的第 3 章"空气洁净度等级"等效采用了国际标准 ISO 14644-1"洁净室及相关受控环境 第 1 部分:空气洁净度等级划分",规定如下。

空气中悬浮粒子洁净度以等级序数 N 命名。每一被考虑的粒径 D 的最大允许粒子浓度按式 3-1 确定:

$$c_n = 10^N \times \left(\frac{0.1}{D}\right)^{2.08} \tag{3-1}$$

式中 c_n——被考虑粒径的空气悬浮粒子最大允许浓度(pc/m³·空气)。c_n 是以四舍五入至相近的整数,通常有效位数不超过三位数;

N——ISO 等级级别,数字不超过 9,ISO 等级级别 N 之间的中间数可以按 0.1 为最小允许增量进行规定;

D——被考虑的粒径(μm);

0.1——常数,其量纲为 μm。

ISO 洁净度等级以及与传统分级的对应关系见表 3-2,表 3-2 列出的空气中悬浮粒子洁净度等级及其相应的大于或等于被考虑的粒径的粒子浓度,在有争议的情形下,可将从公式(3-1)得出的浓度 c_n 作为标准值。

表 3-2 洁净室及洁净区空气中悬浮粒子洁净度等级

ISO 等级序数(N)	大于或等于表中粒径的最大浓度限值(pc/m³)						近似对应传统分级
	0.1μm	0.2μm	0.3μm	0.5μm	1μm	5μm	
ISO Class 1	10	2					
ISO Class 2	100	24	10	4			

续表

ISO 等级序数（N）	大于或等于表中粒径的最大浓度限值（pc/m³）						近似对应传统分级
	0.1μm	0.2μm	0.3μm	0.5μm	1μm	5μm	
ISO Class 3	1000	237	102	35	8		1 级
ISO Class 4	10000	2370	1020	352	83		10 级
ISO Class 5	100000	23700	10200	3520	832	29	100 级
ISO Class 6	1000000	237000	102000	35200	8320	293	1000 级
ISO Class 7				352000	83200	2930	10000 级
ISO Class 8				3520000	832000	29300	100000 级
ISO Class 9				35200000	8320000	293000	

注：由于涉及测量过程的不确定性，故要求用 3 个有效的数据来确定浓度等级水平。

3.2　空气过滤器及净化装置

空气过滤器按性能可分为粗效过滤器、中效过滤器、高中效过滤器、亚高效过滤器、高效过滤器、超高效过滤器等；按照型式分类，可分为平板式、折褶式、袋式、卷绕式、筒式以及静电式。我国有关空气过滤器的标准中，《空气过滤器》GB/T 14295—2019 规范了粗效过滤器、中效过滤器、高中效过滤器及亚高效过滤器，如表 3-3 所示。《高效空气过滤器》GB/T 13554—2020 则主要针对高效过滤器及超高效过滤器进行规范要求，如表 3-4 和表 3-5 所示。以上两个标准是针对空气过滤器权威的国家级标准。

表 3-3 空气过滤器额定风量下的阻力和效率

效率级别	代号	迎面风速/(m/s)	额定风量下的效率(E)/%		额定风量下的初阻力(Δp_i)/Pa	额定风量下的终阻力(Δp_i)/Pa
			指标			
粗效 1	C1	2.5	标准试验尘计重效率	$50 > E \geqslant 20$	$\leqslant 50$	200
粗效 2	C2			$E \geqslant 50$		
粗效 3	C3		计重效率（粒径$\geqslant 2.0 \mu m$）	$50 > E \geqslant 10$		
粗效 4	C4			$E \geqslant 50$		
中效 1	Z1	2.0	计重效率（粒径$\geqslant 0.5 \mu m$）	$40 > E \geqslant 20$	$\leqslant 80$	300
中效 2	Z2			$60 > E \geqslant 40$		
中效 3	Z3			$70 > E \geqslant 60$		
高中效	GZ	1.5		$95 > E \geqslant 70$	$\leqslant 100$	
亚高效	YG	1.0		$99.9 > E \geqslant 95$	$\leqslant 120$	

表 3-4 高效过滤器效率

效率级别	额定风量下的效率/%
35	$\geqslant 99.95$
40	$\geqslant 99.99$
45	$\geqslant 99.995$

表 3-5 超高效过滤器效率

效率级别	额定风量下的效率/%
50	$\geqslant 99.999$
55	$\geqslant 99.9995$
60	$\geqslant 99.9999$
65	$\geqslant 99.99995$
70	$\geqslant 99.99999$
75	$\geqslant 99.999995$

空气过滤器,尤其是高效空气过滤器的选用,在洁净实验室的设计中承担着重要作用。粗效过滤器及中效过滤器等广泛应用于普通非净化空调系统中。笔者主要针对高效过滤器进行详细介绍。

《高效空气过滤器》GB/T 13554—2020 规定了高效过滤器的划分基准:按 GB/T 6165 规定的钠焰法检测过滤效率和阻力性能。这里需要注意的是,高效过滤器不仅对过滤效率有要求,同时对阻力性能亦有规定。

首先要了解什么是"钠焰法"检测。《高效空气过滤器性能试验方法效率和阻力》GB/T 6165—2021 定义了"钠焰法":发生多分散相 NaCl 气溶胶,用钠焰光度计检测过滤元件上下游的质量浓度,然后求出过滤元件的质量效率。对于过滤器试验,发生试验气溶胶颗粒的质量中值直径为 $0.5\mu m$。该规范还介绍了其他测试方法,如油雾法、计数法等,油雾法的气溶胶粒子的质量平均直径为 $0.28\sim0.34\mu m$,而计数法的计数中值直径在 $0.1\sim0.3\mu m$ 范围内。规范中明确,高效过滤器是额定风量下过滤效率不低于 99.9% 的空气过滤器,超高效过滤器是额定风量下过滤效率不低于 99.999% 的空气过滤器。

除了以上标准,其他设计规范也对高效过滤器有所定义,值得注意的是,不同规范对高效过滤器的要求不同。

《洁净厂房设计规范》GB 50073—2013 术语中对高效空气过滤器这样描述:在额定风量下,对粒径 $\geqslant0.3\mu m$ 粒子的捕集效率在 99.9% 以上的空气过滤器。此标准下的高效过滤器的粒径要求与《高效空气过滤器》的基本要求不同,但未规定过滤器相应的阻力特性。

《医药工业洁净厂房设计规范》GB 50457—2008 术语中对高效空气过滤器这样描述:在额定风量下,对粒径 $\geqslant0.3\mu m$ 粒子的捕集效率在 99.97% 以上及气流阻力在 254Pa 以下的空气过滤器。此标准下的高效过滤器显然高于国标的基本要求。

造成以上标准对高效过滤器的要求不同的原因,笔者认为跟规范的适用范围及编制背景相关,《医药工业洁净厂房设计规范》(GB 50457—2008)编制过程中以我国的《药品生产和质量管理规范》(简称 GMP)为基本原则,没有等效采用国际标准 ISO 14644－1 "洁净室及相关受控环境　第 1 部分:空气洁净度等级划分",而 ISO 14644－1 标准则是其他规范空气净化的主要编制依据。究其原因,主要因为 ISO 标准的空气洁净度仅以空气中的悬浮粒子浓度进行分级,没有相应的微生物允许值,而且 ISO 14644－1 与我国 GMP 的悬浮粒子最大允许值不同,尤其 $5\mu m$ 控制要求相差较大。事实上不仅我国,其他发达国家的 GMP 标准也与 ISO 14644－1 不符。面对不同规范不同的要求,国内市场上的产品解决办法则是"就高不就低",市场上高效过滤器对于粒径≥$0.3\mu m$ 粒子的捕集效率一般在 99.97％以上。

我国空气过滤器从粗效到中效再到高效,习惯上使用欧洲标准的表示法。欧洲高效过滤器标准 EN 1822 在 2009 年 10 月批准更新,该标准替代了 EN 1822 (1998)。EN 1822－1:2009 标准的基础是粒子计数法,可以测量超高效过滤器,该类方法满足了大部分场合的需求。该标准基于最易透过粒径(MPPS,范围为 $0.12\sim0.25\mu m$)的粒子计数,不再是粒子总质量。

新欧标将滤芯分为三个等级:E 级(亚高效)、H 级(高效)与 U 级(超高效)。E 级(亚高效)分类依据是全效率值,H 级(高效)与 U 级(超高效)依据为 MPPS 局部效率和透过率(见表 3-6)。

表 3-6　E 级(亚高效)、H 级(高效)和 U 级(超高效)过滤器的分类

过滤器级别	总值		局部值	
	效率/％	透过率/％	效率/％	透过率/％
E10	≥85	≤15	—	—
E11	≥95	≤5	—	—
E12	≥99.5	≤0.5	—	—
H13	≥99.95	≤0.05	≥99.75	≤0.25
H14	≥99.995	≤0.005	≥99.975	≤0.025
U15	≥99.9995	≤0.0005	≥99.9975	≤0.0025

续表

过滤器级别	总值		局部值	
	效率/%	透过率/%	效率/%	透过率/%
U16	≥99.99995	≤0.00005	≥99.99975	≤0.00025
U17	≥99.999995	≤0.000005	≥99.9999	≤0.0001

注:参见第 7.5.2 款和 EN 1822—4
在供方与买方间的协议中,局部值可能会低于表中所列数值。
E 级过滤器不需要为了分类而检漏。

在过去的欧洲标准中 H10～H14 均为高效过滤器,而新的标准中,E10～E12 表示亚高效过滤器,H13～H14 表示高效过滤器。目前,有些指南由于编纂时间较早,尚未对相应过滤器分级进行修改更新,仍然沿用 EN 1822—2(1998)。因此,设计人员需要及时进行修正,按照现行规范及标准要求明确高效空气过滤器的等级。

利用高效过滤器和风机可以组合成各种净化装置,包括层流罩、风淋室、风机过滤器单元、高效过滤器送风口等,本书介绍的净化装置主要是高效过滤器送风口、层流罩、风淋室。

高效过滤器通常设置在净化空调系统的末端,与风口组合成高效过滤器送风口。国标图集 10K121《风口选用与安装》中分别介绍了顶进风高效过滤器送风口与侧进风高效过滤器送风口,如图 3-1 所示。

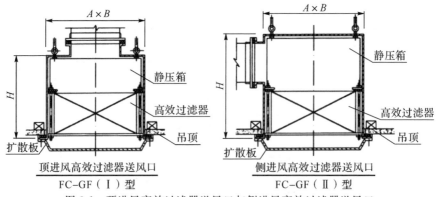

图 3-1　顶进风高效过滤器送风口与侧进风高效过滤器送风口

相应的规格尺寸及性能如表 3-7 和表 3-8 所示。

表 3-7 顶进风高效过滤器送风口规格尺寸和性能表

规格	额定风量 /(m³/h)	容尘量/g	静压箱/mm A×B×H	高效过滤器/mm 宽×高×深
10	1000	500	560×560×450	484×484×220
15A	1500	850	810×560×450	726×484×220
15B	1500	900	710×710×450	630×630×220
20	2000	1000	1050×560×450	968×484×220
22	2250	1200	1050×710×450	968×630×220
30	3000	1600	1340×710×450	1260×630×220

表 3-8 侧进风高效过滤器送风口规格尺寸和性能表

规格	额定风量 /(m³/h)	容尘量/g	静压箱/mm A×B×H	高效过滤器/mm 宽×高×深
8	800	500	560×560×550	484×484×150
10A	1000	500	660×660×550	610×610×150
10B	1000	500	560×560×550	484×484×220
12	1200	500	710×710×550	630×630×150
15A	1500	850	810×560×550	726×484×220
15B	1500	900	710×710×550	630×630×220
20	2000	1000	1050×560×560	968×484×220

高效过滤器送风口安装前应清扫干净,边框四周与吊顶的接缝处应设密封垫料或密封胶,不应漏风,带高效过滤器的送风口,应采用分别调节高度的吊杆,安装示意图(见图 3-2)。

层流罩是一种常见的局部净化设备,可形成单向流,营造 ISO 5 级及以上的洁净环境。层流罩主要由外壳、预过滤器、高效过滤器、风机机组、静压箱和配套的电器元件组成。

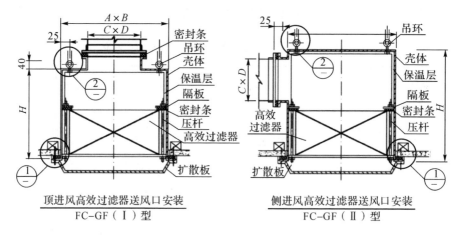

图 3-2 顶进风高效过滤器送风口与侧进风高效过滤器送风口安装示意

层流罩的工作原理是采用垂直单向流的气流形式,送风首先通过初效过滤器进行预过滤,将气流中的大颗粒粉尘粒子处理掉,预处理后的空气再经过高效过滤器进行二次过滤,以起到充分保障高效过滤器的作用。

层流罩的结构多样,根据是否设置风机,可分为有风机型和无风机型,根据结构形式,层流罩有前回风型与后回风型,有气幕型和无气幕型,根据安装方式,可分为吊装式和支撑式。

实验动物用房中的手术室工艺要求其环境局部达到 ISO 5 级洁净度、周边达到 ISO 7 级洁净度,因此,使用层流罩营造局部环境不必把房间整体设计为百级,这样可以降低工程初投资及运行费用。层流罩的外形尺寸及风量大小取决于内部所装高效过滤器的规格尺寸、数量等,表 3-9 为某厂生产的层流罩尺寸。

表 3-9　百级层流罩技术参数

外型尺寸/mm $A \times B \times H$	工作尺寸/mm $A \times B$	吊装尺寸/mm $C \times D$	额定风量 /(m³/h)	高效过滤器 尺寸/mm	重量/kg
1360×740×750	1220×610	1220×600	1200	610×610×902	120
1630×1040×750	1220×915	1220×900	1800	915×610×902	170
1970×740×750	1830×610	1830×600	1800	610×610×903	170
1970×1040×750	1830×915	1830×900	2400	915×610×903	220
2590×740×750	2450×610	2450×600	2400	610×610×904	220
2590×1040×750	2450×915	2450×900	3000	915×610×904	270

注:洁净层流罩可根据客户现场要求非标定制。

风淋室是人员进入洁净空间必要的净化设备,其内置高效过滤器,人员经过风淋室时,强劲洁净的空气(喷口风速一般为18~25m/s)由旋转喷嘴从各个方向喷射至人身上,有效且迅速(一般持续时间为10~99s)去除附着在衣服上的灰尘、头发、发屑等杂物,减少人员进出洁净空间所带来的污染问题。一般风淋室的两道门电子互锁,可以兼起气闸室的作用,阻止外界空气进入洁净区域。

一般风淋室根据吹淋方式可分为单人单吹风淋室,单人双吹风淋室,单人三吹风淋室,双人双吹风淋室,双人三吹风淋室,多人双吹风淋室,多人三吹风淋室等。

3.3　净化空调机组

除空调送风末端设置高效过滤装置外,全新风净化空调机组宜根据各个地区环境的空气状况设置机组内的新风过滤器,可参照《医院洁净手术部建筑技术规范》(GB 50333—2013)表8.3.9过滤器组合。组合方式可分为三种类型,每种类型净化空调机组的功能段及内部压力损失具体如表3-10所示。

表 3-10　新风过滤器组合

组合类型	颗粒物浓度	新风过滤第一道	新风过滤第二道	新风过滤第三道
1	可吸入颗粒物（PM_{10}）或总悬浮颗粒物（TSP）年均值分别小于等于 $0.04mg/m^3$ 或 $0.08mg/m^3$	对大于等于 $0.5\mu m$ 颗粒的计数效率大于等于 60% 的过滤器	—	—
2	可吸入颗粒物（PM_{10}）或总悬浮颗粒物（TSP）年均值分别小于等于 $0.07mg/m^3$ 或 $0.20mg/m^3$	人工尘计重效率大于等于 30% 的过滤器（网）	对大于等于 $0.5\mu m$ 颗粒的计数效率大于等于 70% 的过滤器	—
3	可吸入颗粒物（PM_{10}）或总悬浮颗粒物（TSP）年分别超过 $0.07mg/m^3$ 或 $0.20mg/m^3$	人工尘计重效率大于等于 30% 的过滤器（网）	对大于等于 $0.5\mu m$ 颗粒的计数效率大于等于 50% 的过滤器	对大于等于 $0.5\mu m$ 颗粒的计数效率大于等于 80% 的过滤器

表中计重效率≥30％的过滤器（网），相当于国标中 C4 粗效过滤器（网）中的高档次而接近 C3 的过滤器（网）；计数效率（≥$0.5\mu m$）≥60％的过滤器，相当于国标中 Z1 中效及以上的过滤器；计数效率（≥$0.5\mu m$）≥70％、80％的过滤器，相当于国标中 GZ 高中效及以上的过滤器。

第一种类型机组包含进风段、风机段、均流段、中效过滤器段、表冷器、再热器、加湿段、出风段和必要的检修段等。机组内部损失约 400Pa。

第二种类型机组包含进风段、风机段、均流段、粗效和高中效过滤器段、表冷器、再热器、加湿段、出风段和必要的检修段等。机组内部损失约 500Pa。

第三种类型机组包含进风段、风机段、均流段、粗效、中效过滤器段、高中效过滤器或亚高效过滤器段、表冷器、再热器、加湿段、出风段和必要的检修段等。机组内部损失约 700Pa。

目前，我国绝大多数地区环境的空气状况属于表中的第 2 类型和第 3 类型，因此，机组内部需要设置较高要求的空气过滤器，全新风净化空调机组的风机相比普通舒适性空调机组的风机也就需要更高的风机全压。

另外,从具体的功能段组合中可以看出,洁净空调机组往往设置有再热器。这是因为洁净度的要求使系统送风量远远大于舒适性空调,大风量与小送风焓差的矛盾造成了送风状态远离饱和曲线,因此在机组配置时要设置再热器(或二次回风)等实施升温减湿措施的功能段,对于某些特殊气候(如梅雨季),再热器也是维持室内湿度稳定的必要措施。从节能角度考虑,再热器不应全部使用电再热,可以利用余热、废热等作为送风再热源,后续章节笔者会详细展开描述。

空调加湿系统根据其处理过程不同,通常可分为等温加湿、等焓加湿、加热加湿和冷却加湿等,其中加热加湿和冷却加湿通过喷水室实现,而喷水室主要应用在以调节湿度为主要目的的纺织厂、卷烟厂等工程,故本书不赘述。笔者主要针对等温加湿与等焓加湿两种方法进行介绍,等温加湿和等焓加湿比较如表 3-11 所示。

表 3-11　空气加湿方法比较

过程	空气状态变化过程	特征	应用举例
等温加湿		$t_1 = t_2 = const$,没有显热交换;$d_2 > d_1$,含湿量增加的同时,潜热量增加,因此,热由 h_1 增加至 h_2	干蒸汽加湿器、电极式加湿器、电热式加湿器、红外线加湿器、间接式蒸汽加湿器等
等焓加湿		空气与水接触过程中,虽有显热和潜热交换,但由于进行的速度相等,所以,空气的焓值保持不变,即 $h_1 = h_2 = const$,而空气的温度由 t_1 降低至 t_2	湿膜气化加湿器、板面蒸发加湿器、高压喷雾加湿器、超声波加湿器、离心式加湿器、喷水室喷淋循环水等

常见的加湿器中,电极加湿器与电热加湿器是典型的等温加湿,而湿膜

加湿器与高压微雾加湿器是典型的等焓加湿。这几类加湿器的特点如下。

(1)电极式加湿器

电极式加湿器是电流通过直接插入水中的电极产生蒸汽的空气加湿器。电极式加湿器是将电极置于充水容器,以水作为电阻,通电后,电流从水中通过,水被加热而产生蒸汽,通过蒸汽管送至需要加湿的空间。蒸汽产量可以线性地在最大蒸汽量20%～100%调节。

电极式加湿器有如下特点:

①加湿迅速、均匀、稳定,控制方便;

②不带水滴,不带细菌;

③耗电量大,运行费用高;

④不使用软化水,内部容易结垢,清洗困难;

⑤最高可以满足室内相对湿度波动范围≤±3%。

(2)电热式加湿器

电热式加湿器是电流通过放置在水中的电阻元件,使水加热产生蒸汽的加湿器。电热式加湿器利用电热管作为加热器件,把水箱中的水加热至沸腾,产生无菌洁净的蒸汽,对空气进行加湿。蒸汽产量可以线性地在最大蒸汽量10%～100%调节。

电热式加湿器的加湿处理过程如图3-3所示。

加湿量计算可采用下式:

$$W = Q \times 1.2 \times (d_2 - d_1)$$

式中 W——加湿量(kg/h);

Q——通过加湿器的风量(m³/h);

1.2——空气密度(kg/m³);

d_2——加湿后空气含湿量[kg/(kg·干空气)];

d_1——加湿前空气含湿量[kg/(kg·干空气)]。

电热式加湿器主机可以挂装、吊装或者立装,加湿器主机应尽量靠近

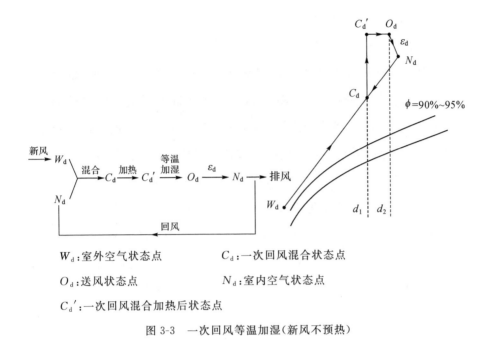

W_d:室外空气状态点　　　　　C_d:一次回风混合状态点

O_d:送风状态点　　　　　　　N_d:室内空气状态点

$C_d{}'$:一次回风混合加热后状态点

图 3-3　一次回风等温加湿（新风不预热）

空调机组,空调机组内的加湿段应在空气加热盘管的后面安装,安装净距
≥200mm,吸收距离≥600mm,喷管距离空调机组顶板≥200mm,具体可
参考图集 16K310《空调系统用加湿装置选用与安装》。

（3）湿膜加湿器

湿膜加湿器是指空气与被水湿润的多孔材料表面的水进行热湿交换
而被加湿的加湿设备。湿膜加湿器是将水通过给水管送至湿膜顶部的水
分配器,水在重力作用下对湿膜淋水润湿,将穿过湿膜的空气进行加湿,未
被空气带走的水流到集水盘或集水箱。

湿膜加湿器有如下特点:

①饱和效率高,即使在低温高湿条件下,仍能保持可靠加湿性能;

②节电,省水;

③初投资和运行费用均低;

④加湿吸收距离较短,不需设置挡水板;

⑤容易产生微生物污染,加湿后需升温。

（4）高压微雾加湿器

高压微雾加湿系统集中设置高压微雾主机柜,把软化处理后的自来水通过高压柱塞泵加压至 $3\sim7MPa$,再经高压无缝不锈钢管路输送到空调机组内的超微细喷嘴雾化,喷嘴高速旋转,把 $0.5\sim15\mu m$ 的超微雾粒子喷射到空气中,超微雾粒子在空气中吸收热量迅速汽化,达到加湿目的。

与常规的几种加湿系统相比,高压微雾加湿系统有如下特点。

①雾细:高压超微雾化喷嘴每秒产生 50 亿个雾滴,雾滴的直径仅为 $0.5\sim1.5\mu m$,加湿效率在 90% 以上,远高于湿膜加湿的效率;

②节能:雾化 1 kg 水仅消耗 6 W 功率,是传统电热式加湿器的1/100;

③卫生:高压微雾系统的水是密封非循环使用的,不会导致细菌的繁殖;

④加湿量调节灵活:高压微雾的加湿量大,可任意调节,且加湿器主机不变,超高压微雾系统泵站的输出流量可进行无级调节,变频器根据压力信号调节水泵的转速,对喷嘴的压力和流量进行精确的恒压调节;在流量范围内可任意配置喷嘴,还可以对喷嘴进行任意组合来调整加湿精度,但其加湿精度不高;

⑤由于高压微雾的喷嘴细小,比较容易被水垢、铁锈等堵塞,所以对加湿用水水质要求很高,不但要软化处理,输送管路也要求使用高压无缝不锈钢管、高压无缝紫铜管等管材,造价偏高。

（5）干蒸汽加湿

干蒸汽加湿是指经喷管向空气中喷射干蒸汽的空气加湿方式。干蒸汽加湿器为等温加湿方式,加湿效率可达 95% 以上,无喷水和噪声现象,耐腐蚀,寿命长,可远程精确调节和控制,因而被广泛使用。当有蒸汽源可以利用时,应首先选用干蒸汽加湿器,医院等卫生要求较高的空调系统不应采用循环高压喷雾加湿器和湿膜加湿器,而电极式加湿耗电量加大,因而净化区域选择干蒸汽加湿为最佳。

干蒸汽加湿器采用外部汽源,通过汽水分离装置,得到干燥蒸汽,通过喷管喷出均匀的蒸汽。喷管采用双重保温夹套管预热,防止管内的冷凝水喷到空调系统里;喷管内产生的冷凝水回流到蒸发室,通过二次蒸发,使之重新成为加湿用的蒸汽,分离后的冷凝水通过分离器底部的疏水阀排出,原理如图 3-4 所示。干蒸汽加湿器可以通过手动调节、双位调节、比例调节等方式调节加湿量,需要时可在手动调节阀后设电动调节阀进行调节。

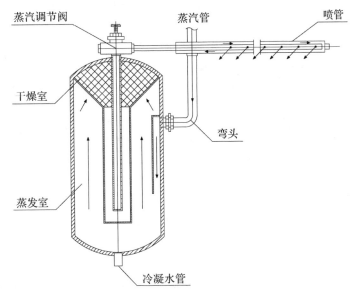

图 3-4　干蒸汽加湿器原理

如图 3-5 所示,干蒸汽加湿器安装要点如下。

①进入加湿器的饱和蒸汽压力小于等于 0.4MPa;

②喷管应安装在距加热盘管后至少 250mm 的位置;

③加湿器吸收距离大于等于 500mm,喷管与气流方向一致;

④干蒸汽喷管长度应略小于风管或者空调机组的截面宽度;

⑤喷管的末端应向上略有倾斜,以利于冷凝水能全部回流到蒸发

序号	名称	规格		品牌	数量	备注
1	碳钢蒸汽截止阀	带软密封				尺寸示具体工程确定
2	蒸汽过滤器	承压1MPa				编制网目120目以上
3	压力表	0~1.0MPa				带旋塞阀
4	压力表	0~0.4MPa				带旋塞阀
5	蒸汽减压阀	阀前压力示具体工程定，阀后压力为0.2MPa				尺寸示具体工程确定
6	疏水器	主管采用DN25，末端支管采用DN15				
7	镀锌活接头	承压1MPa	尺寸示具体工程确定			末端支管使用
8	塑料透明软管		尺寸示具体工程确定			
9	蒸汽管道	无缝钢管	尺寸示具体工程确定			
10	凝结水管道	镀锌钢管	尺寸示具体工程确定			
11	镀锌丝堵		尺寸示具体工程确定			
12	电磁阀	带停电复位	尺寸示具体工程确定			带停电复位
13	蒸汽电动调节阀		尺寸示具体工程确定			加湿器自带
14	安全阀		压力为0.2MPa			

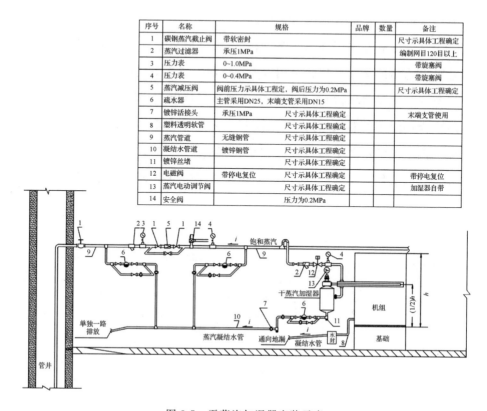

图 3-5　干蒸汽加湿器安装示意

室内；

　　⑥如果接入干蒸汽加湿器的一次蒸汽压力超过限值,应设置减压装置；

　　⑦疏水管线应尽量单独设置,如只能采用共用疏水管线,管道压力应小于等于 0.1MPa,否则应加大疏水器型号；

　　⑧加湿器喷管与电源控制元件应保持 2m 以上的距离；

　　⑨干蒸汽加湿器后应加装消声器,空调机组用消声器安装在风机出口处,风管内加湿器消声器安装在加湿器后。

　　净化空调机组与普通舒适性空调机组的共同点都是将空气经热、湿处理到送风状态的装置,但由于它们的用途不同,除了上述提及的风机风压、再热器、加湿器设置不一致外,在结构上还有较多的不同点,具体比较详见表 3-12。

表 3-12 净化空调机组与普通舒适性空调机组的比较

类别	普通舒适性空调机组	净化空调机组
设计 出发点	·提高热湿处理效率。 ·加大传热传湿面积与表面紊流度。 ·通风达到送风状态点,保证室内温、湿度要求(温度优先)。	·消除微生物污染。 ·避免积尘、存水,采用难滋菌基材。 ·送风达到送风状态点,保证室内温湿度要求(湿度优先)。
热湿 处理设备	·可采用喷淋器、表面式热交换器等设备,处理过程复杂、多样。	·只容许采用表面式热交换器,处理过程单一。
冷却 去湿盘管	·盘管翅片打皱增加扰动提高传热系数。 ·提高过风断面风速(2.5m/s)减少机组断面积。 ·当机组断面风速超过 2.5m/s 时(不超过 3m/s)采用挡水板,降低空气带水量。 ·盘管一般处于负压段,热交换充分。	·翅片光洁平滑,涂亲水膜不积污垢。 ·降低过风断面风速(2.0m/s)扩大换热面积。 ·不采用挡水板,避免积尘滋菌。 ·盘管可设在正压段(风机与盘管间应设均流段)。
送风机	·风压较低。	·风压较高。
凝水 盘水封	·凝水盘能保证凝水正常排出。 ·水封高度较小(满足出水口处负压的 2 倍高度)。	·凝水盘要求大坡度迅速排水,材质要求不锈钢防锈防污垢。 ·出水口处与大气压力差较大,水封高度较大。
加热器	·加热管加翅片,提高热工性能。	·加热管表面光洁平滑不积尘、不结垢。
加湿器	·水雾化加湿,湿膜加湿,加湿量大,存在积水。 ·水质要求无污染清洁水。	·干蒸汽加湿,加湿量较小,要求无水滴、无凝水。 ·水质要求达到饮用水标准。

续表

类别	普通舒适性空调机组	净化空调机组
空气过滤器	·要求设置新风粗效过滤器（要求高时设中效过滤器）。 ·对通过过滤器的空气没有湿度要求。	·要求设置三级过滤器组成新风过滤器，正压段设中效过滤器。 ·避免过滤器受潮、滋菌。 ·送风口前设末级过滤器为高效过滤器，要求送风湿度不大于75%。
箱体	·内表面材料不生锈。 ·内表面接缝无要求。 ·箱体内不考虑消毒设施。 ·箱体漏风率不应大于3%。	·内表面光滑，材料不易滋菌，内表面和内置件应能耐消毒药品腐蚀。 ·内表面不应有阴角（小于90°的交角），在交角部应设圆角过渡。 ·箱体内应考虑设置消毒部件。

3.4　气流流型与换气次数

（1）气流流型

气流流型对洁净实验室洁净度的实现起着重要作用。一般洁净实验室，主要的气流流型型式可分为单向流和非单向流（矢流洁净室在实验动物实验室中基本没有应用，故不介绍）。根据《洁净厂房设计规范》规定，"空气洁净度等级要求严于4级时，应采用单向流；空气洁净度等级为4～5级时，应采用单向流；空气洁净度等级为6～9级时，应采用非单向流。"

非单向流指的是送入洁净室的送风以诱导方式与室内空气混合的气流分布类型。非单向流中都有涡流存在，因此，不适宜应用在高洁净度的洁净室内（见图3-6）。

单向流指的是通过洁净室整个断面的风速稳定、大致平行的受控气流，其特征是流线平行，以单一方向流动，可分为垂直单向流与水平单向流，如图3-7所示。

一般地，垂直单向流应用于5级及更高级别的洁净室，水平单向流可应用于 5 级洁净度。还有一种准垂直单向流（见图 3-7），它是垂直单向流的一种变形，两侧回风代替全地板回风，在中部地区会出现涡流三角区，选择合理的房间宽度，保证工作区以上是单向流，这种气流分布流型既经济又可实现较高的洁净等级（一般可达到 5 级洁净度）。

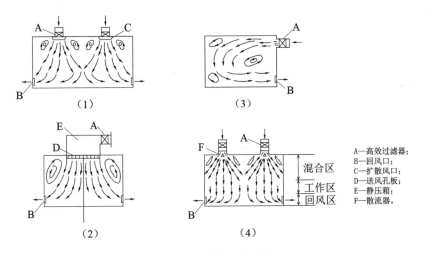

A—高效过滤器；
B—回风口；
C—扩散风口；
D—送风孔板；
E—静压箱；
F—散流器。

图 3-6　非单向流洁净室

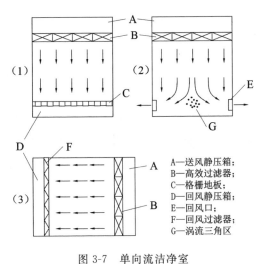

A—送风静压箱；
B—高效过滤器；
C—格栅地板；
D—回风静压箱；
E—回风口；
F—回风过滤器；
G—涡流三角区。

图 3-7　单向流洁净室

（2）换气次数

洁净实验室送风量通常可按以下两项数值中的较大值确定：一项是按尘埃负荷发尘量确定的风量；另一项是按热湿负荷确定的送风量。

一般情况下，洁净需求的风量大于温湿度需求的风量。为方便设计人员计算洁净需求的送风量，可按照《洁净厂房设计规范》中规定的相关数据执行：对于单向流洁净室，须保证室内有一定的平均风速，规定 1～3 级洁净室单向流平均风速取 0.3～0.5m/s；4～5 级洁净室取 0.2～0.4m/s；对于层高 3m 的垂直单向流洁净室，若平均风速取 0.3～0.5m/s，其换气次数为 360～600 次/h。可见，高净化级别实验室其送风量相当大。对于非单向流，换气次数仅适用于层高小于 4m 的洁净实验室，6 级洁净室的换气次数为 50～60 次/h；7 级洁净室的换气次数为 15～25 次/h；8/9 级洁净室的换气次数为 10～15 次/h（见表 3-13）。

表 3-13　不同空气洁净度等级对应的换气次数

空气洁净度等级	气流流型	平均风速（m/s）	换气次数/（次/h）
1～3	单向流	0.3～0.5	—
4～5	单向流	0.2～0.4	—
6	非单向流	—	50～60
7	非单向流	—	15～25
8,9	非单向流	—	10～15

对于洁净实验室，为保证空气洁净度等级，其送风量宜按照室内发尘量进行计算校核，尤其对于层高大于 4m 的非单向流洁净实验室，上述换气次数不再适用，应重新进行核算，方法如下。

由进入和流出洁净实验室的灰尘量平衡原理，可得出下列式子：

$$L = KV \tag{3-2}$$

$$K = \frac{60G \times 10^{-3}}{N[1 - S(1 - \eta_h)] - m(1 - S)(1 - \eta_x)} \tag{3-3}$$

式中: K——换气次数,次/h;

    V——洁净室体积,m³;

    G——洁净室的单位容积发尘量,个/(m³·min);

    N——洁净室的含尘浓度,个/L;

    m——室外空气的含尘浓度,个/L;

    S——回风比,回风量与送风量之比;

    η_h——回风通路上过滤器的总效率,$\eta_h = 1-(1-\eta_1)(1-\eta_3)$;

    η_x——新风道路上过滤器之总效率,$\eta_x = 1-(1-\eta_1)(1-\eta_2)(1-\eta_3)$;

    η_1——粗效过滤器效率;

    η_2——中效过滤器效率;

    η_3——高效过滤器效率。

对于一般的洁净室,上式中所有与尘粒有关之参数,均指对 $\geq 0.5\mu m$ 的尘粒而言。

式(3-3)的另一种形式如下:

$$N = \frac{60G \times 10^{-3} + MK(1-S)(1-\eta_x)}{K[1-S(1-\eta_h)]} \approx N_s + \frac{60G \times 10^{-3}}{K} \quad (3\text{-}4)$$

上式中 N_s 为带高效过滤器风口的出口浓度,$N_s \approx M(1-S)(1-\eta_x)$。在式(3-3)及式(3-4)的简化计算式的基础上,计入修正系数(不均匀系数)ψ,得实际换气次数如下式:

$$K_r = \psi \frac{60G \times 10^{-3}}{N-N_s} \psi K \quad (3\text{-}5)$$

实际室内含尘浓度

$$N_r = \psi \left(N_s + \frac{60G \times 10^{-3}}{K} \right) = \psi N \quad (3\text{-}6)$$

不均匀系数 ψ 可由表 3-14 查得。

表 3-14　不均匀系数 ψ

K	10	20	40	60	80	100	120	140	160	180	200
ψ	1.5	1.22	1.16	1.06	0.99	0.9	0.65	0.51	0.51	0.43	0.43

3.5　压差控制

压差控制是维持洁净实验室洁净度等级,减少外部污染,防止交叉感染的有效手段。通常,洁净实验室相对外部环境维持正的静压差(简称正压),仅一些特殊洁净室(如 BSL－3 生物安全实验室、二恶英实验室)要求维持负压,负压洁净室通常有大量热湿或粉尘产生,含有毒致病或易燃易爆等高风险物质。洁净室的压差主要有如下作用。

①在门、窗关闭的情况下,防止正压洁净室外的污染由缝隙渗入洁净室内;

②门开启时,保证正压洁净室有足够的气流向外流动,减少开门及人员出入引入的气流量,以便把带入的污染减少到最低;

③相对负压可有效防止污染物或有毒物质的散发外溢。

《洁净厂房设计规范》中规定"不同等级的洁净室之间的压差不宜小于5Pa,洁净区与非洁净区之间的压差不应小于5Pa,洁净区域室外的压差不应小于10Pa",具体实验室的设计压差可在此基础上由工艺需求确认。

洁净室维持不同的压差值所需的压差风量,可通过缝隙法或换气次数法确定。实际施工中,多数是采用房间换气次数法估算的。压差风量的大小与洁净室围护结构的气密性及压差梯度值相关,不同房间的门窗形式、数量等差异造成渗透风量也不同,因此在选取换气次数时,应根据房间实际的气密性情况选择上下限值。一般压差为5Pa时,取 1～2 次/h;压差为10Pa 时,取 2～4 次/h。

市场上比较成熟的流量控制阀,从技术原理上区别,可分为两种,一种是自调节文丘里阀,另一种是压力无关型变风量蝶阀。下面将分别做详细介绍。

(1)文丘里阀

文丘里阀是适应性气流控制的常用执行机构。文丘里阀是一种与压力无关的流量控制器,它可以根据控制器的指令,自动地调节或者维持空气流量。文丘里阀的形状与文丘里管相同,如图 3-8 所示,结构上一般针对实验室的特殊要求采用防腐防锈材料制作,外壳一般采用不锈钢或者铝合金,内衬里涂有酚醛或与酚醛类似的材料。文丘里阀接收来自风量显示控制器的控制信号通过不锈钢轴推动锥形阀芯来调节流量,锥形阀芯内装有压力补偿弹簧,其可以吸收风管系统一定范围内的波动,从而实现文丘里阀的压力无关性。文丘里阀接管尺寸分别为 6 寸、8 寸、10 寸、12 寸、14 寸等规格,空气流量最大可至 $4250m^3/h$ 左右。文丘里阀既可以用于变风量系统,也可以用于定风量系统及双稳态系统。

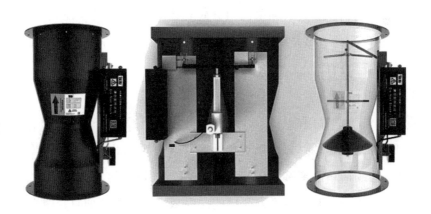

图 3-8 文丘里阀示意

文丘里阀的特点如下。

①文丘里阀存在较大的压力降,能够满足气流条件并消除上游和下游

直线型管道的运行需要。只要为文丘里阀预留物理空间,该设备就能有效工作。

②文丘里阀的尺寸是固定的,文丘里阀只能工作在合适的静压范围,同样,每个尺寸的文丘里阀适合于提前确定的气体流量,在设计过程中缺乏灵活性。

③文丘里阀在低流速时非常准确,文丘里阀在排气量为100CFM时能精确到5CFM(1/20)。

④为了保证文丘里阀能够正常地工作,其内部的机械弹簧必须被压缩,文丘里阀存在很高的压力差,文丘里阀正常设计为全流量时0.25kPa,该设计是蝶阀系统压力差的10倍,高压力差要求额外的风扇转动能量并产生潜在的空间噪音,许多文丘里阀需要在管道上额外安装消声器以减少噪音。值得注意的是,有些厂家对文丘里阀的结构进行了优化,在特定风量范围内可将文丘里阀的压力控制在0.1kPa以内。

⑤文丘里阀安装时必须注意特定的方向,控制垂直向上,垂直向下和水平气流的阀门各不相同,如果阀门方向安装不正确,设备不能正常运转。

⑥文丘里阀的流量是有限的,对于需要高流速的情况,可以通过机械连接几个文丘里阀的方式解决,但增加了系统造价。

(2)蝶阀

我们所讨论的蝶阀应是广义上的蝶阀,包括普通蝶阀以及在普通蝶阀基础上改装的变风量蝶阀、定风量蝶阀等。蝶阀常应用在圆形管的排风管道工程中,起到简单隔离和系统平衡的作用。该装置的优点是设计简单、关闭迅速、应用灵活和造价低廉。蝶阀的蝶板安装于管道的直径方向。在蝶阀阀体圆柱形通道内,圆形蝶板绕着轴线旋转,旋转角为0°~90°,如图3-9所示。

蝶阀处于完全开启位置时,蝶板厚度是介质流经阀体时唯一的阻力,因此通过该阀体所产生的压力降很小,故具有较好的流量控制特性。蝶阀

图 3-9 蝶阀示意

有弹性密封和金属密封两种密封形式。采用金属密封的阀门一般比弹性密封的阀门寿命长,但很难做到完全密封。金属密封能适应较高的工作温度,弹性密封则具有受温度限制的缺陷。

采用蝶阀的系统为实现"压力无关性"需配合使用管道定静压法来实现对管道的静压控制,管道静压器感受到管道压力变化后通过静压控制器与变频器调节风机风量,实现压力稳定。

蝶阀所具有的许多特点,使其能满足部分实验室控制系统的使用,包括:低压降导致更低的工作压力系统,全通量压力降在 0.025kPa 水平,低压降意味着阀门的尺寸和焊接管道系统可以减少,低压降降低了实验室的噪音。另外,低压降节约了风扇运转能量和日常维护费用,解决了文丘里阀类高压系统造成的控制和噪音方面的问题。

(3)两者差别辨析

文丘里阀相比于蝶阀可以更好地做到真正的"压力无关",并且"反应迅速"。

实验过程中由于不确定因素很多,导致风管风压不可避免将产生波动,若仅仅依靠风量控制系统在风量改变后再对其进行调节,经历"传感—计算—调节—振荡"这一系列过程,使得系统调节不及时且动作频繁,这是反馈系统的典型问题。采用文丘里阀的控制系统能依靠文丘里阀芯内的弹簧消解系统管网的压力变化,保障系统静压稳定。具体过程为当风管内静压较高时,在压力的作用下,弹簧被压缩,阀芯往前移动,减小空气流通的有效面积,以维持空气流量,反之亦然。所以文丘里阀被认为是一种开环控制,开环控制的特点就是对相应的扰动响应非常迅速,相比于变风量蝶阀"测量+控制"的闭环反馈系统,能更好更快地完成"压力无关"这一任务。需要注意的是,并不是所有的文丘里阀都能做到完美的"压力无关",其还跟产品的质量息息相关。

"压力无关"并不是实验室排风系统的控制目的,余风量或压差控制才是目标,虽然文丘里阀能很好地消解管网内的压力波动,但是对于管网之外的其他扰动却不能及时响应。

由蝶阀改装成的各种变风量阀、VAV BOX(变风量箱)等在选择使用时应注意考察其使用的测量装置,这是其完成产品性能的关键。

常见的流量测量装置包括压力型和线型,毕托管就是一种常见的压力型流量测量装置,对于采用毕托管式风速计的变风量末端装置,根据《美国采暖、制冷与空调工程师学会手册——暖通空调应用》(*ASHRAE Handbook － HVAC Applications*),其差压信号转换成直接数字控制(direct digital control,DDC)控制器所需的模数转换器(A/D converter)使用 8 位模数转换时,风速为 2.037m/s 时的读数误差达 10%。因此,对于通常使用 8 位模数转换器的变风量末端装置,无法解决测量 2.5m/s 以下入口风速问题,考虑到毕托管风速计在低风速段输出动压的非线性及不稳定性,一般要求毕托管式风速计测量风速≥3m/s。当选择压力型流量装置时应注意复核风管低流量下的风速范围,保证其满足测量要求才能保障控制系统的正常运行。

线型流量测量装置基于热风力测定,流量低、流速小时依然可以工作如常,但一般线型测量装置可能不适于腐蚀性气流的测量,因此对于线型流量测量装置应重点考察其使用的材料。

此外,采用风量测量装置对测点位置要求高,需要保证测点在气流流动平稳的直管段,对于管路系统复杂的实验室来说需要特别注意,这也是工程上以风量测量为基点的控制系统面临的技术难题。图 3-10 是 TSI 一款流量测量装置的安装位置要求,图中 AFMS 即为流量测量装置,分别针对直角弯头、带导流片的直角弯头、圆角弯头、变径、T 型三通等情况进行说明。

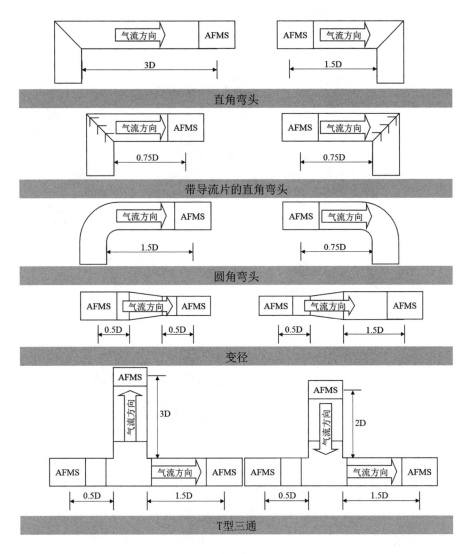

图 3-10　TSI 某流量测量装置的安装位置要求

洁净实验室压差控制的方法主要可分为直接压差控制法、余风量控制法以及两者相结合的综合控制方法。

(1)直接压差控制法

直接压差控制法,又称压力追踪法,是通过压差传感器测量实验室内和实验室相邻区域或参照区域的压差,与设定的压差比较后,控制器根据偏差调节送风量(排风量)进行控制从而达到要求的压差,如图 3-11 所示。

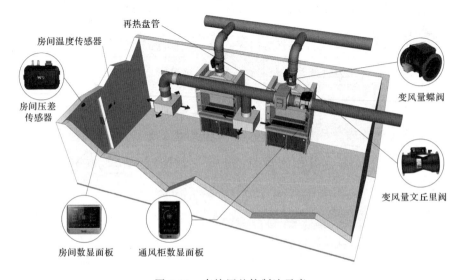

图 3-11　直接压差控制法示意

此种压力控制法为闭环反馈控制回路,控制结构简单,能准确地控制压力分布系统,但是响应时间长,控制精度低,容易受干扰,如门窗的开启和渗透,通常压力感应较迅速,一旦门窗突然开启或者关闭,反馈信号大幅波动,很可能导致整个控制系统剧烈震荡,甚至崩溃。为了保证控制系统的稳定性,可以配置联锁装置对反馈系统设立时间延迟参数或者暂停命令,使得压力控制器在门窗正常开启时保持稳定,避免过度剧烈波动,同时设立警报装置,一旦门窗开启的时间超过预设时间,则发出警报并改变送排风量。在实际使用中,压力追踪控制系统对实验室的气密性要求较高,一些不太严密的透气结构会使得控制系统的调试变得非常艰难,对于围护结构有一定严密性的洁净室来说,压力控制法颇为适用。

(2)余风量控制法

余风量控制法,又称为流量追踪法,其原理是通过实验室送风量和排风量之间保持一定的风量差(称余风量),保证实验室内外产生一定的压差。由风量传感器实时监控送排风值,利用控制器如 DDC 等对房间的送排风量进行采集并简单比较,根据风量与压力的关系对各 VAV 变风量末端发出执行指令维持必要的换气次数和正常的压力,如图 3-12 所示。余风量控制法的优点是控制系统通常为开环控制,系统稳定性高,反应速度快,调试方便。系统在不受外扰的条件下属于前馈控制,一些洁净室就采用此种压力控制方法。

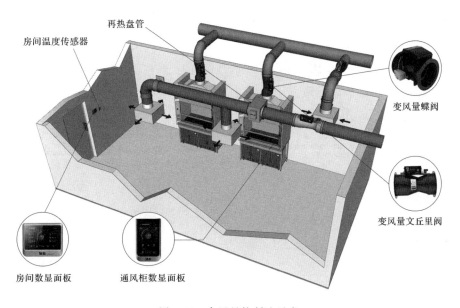

图 3-12 余风量控制法示意

对于动物生物安全实验室,排风响应时间≤3s,从而保证操作人员的安全,送风响应时间也可以≤3s,某些研究也建议送风响应时间控制在 8s

及以内,使送风有一个相对滞后的过程,从而更好地保证实验室的负压性质,减少实验室的压力波动。

对于压力控制精度高且需要压力稳定的场所(动物生物安全实验室),多以余风量控制法为基本控制方法,同时加入压力传感器和控制器对余风量进行设定,而后以产生压差的余风量确定送、排风量,同时对余风量进行检测,当余风量偏离设定值达到一定程度时,系统自动报警,此时需要对测量装置或可能产生漏风的设备(如风管系统、围护结构等)进行处理。

参考文献

[1] 冯树根.空气洁净技术与工程应用(第 2 版)[M].北京:机械工业出版社,2013.

[2] 陆亚俊,马最良,邹平华.暖通空调(第 2 版)[M].北京:中国建筑工业出版社,2007.

[3] 陆耀庆.实用供热空调设计手册[M].北京:中国建筑工业出版社,1993.

[4] 许钟麟.空气洁净技术原理(第 4 版)[M].北京:科学出版社,2014.

[5] 许钟麟,沈晋明.空气洁净技术应用[M].北京:中国建筑工业出版社,1989.

4 屏障环境设施暖通空调系统设计

屏障环境是动物生产和实验中应用最为广泛的环境类型,本章所指的屏障环境是以常规饲养和实验为核心的正压屏障环境。屏障环境本质上是一种洁净环境,是洁净技术的综合集成,暖通空调系统的设计作为洁净技术的关键环节,承载着温度湿度控制、抑制尘埃、过滤细菌、压差梯度控制等重要任务。本章在工艺布局与净化空调系统等前述章节的基础上针对屏障环境设施中的空调负荷计算、冷热源选择、末端空气净化系统、废气处理系统、热回收技术等进行详细的介绍。

4.1 空调负荷

屏障环境设施的热湿负荷主要包括围护结构的冷热负荷、新风的热湿负荷、室内动物的热湿负荷以及室内照明设备的冷热负荷。由于实验动物用房采用带回风的全空气系统会有产生交叉污染的生物安全风险,因此绝大多数标准指南均建议动物生产区或实验区采用全新风直流系统。以杭州地区面积为 $1000m^2$、净高为 $2.6m$ 的实验动物饲养用房为例计算不同换气次数下的实验动物屏障环境的冷热负荷指标,如表 4-1 所示,其单位面积新风的冷热负荷指标为 $500\sim850W/m^2$,新风负荷是实验动物用房的主要负荷。

表 4-1 不同换气次数下动物实验中心屏障环境冷热负荷指标(杭州地区)

换气次数 /(次/h)	供冷			供热		
	室内温度 /℃	室内相对湿度/%	新风冷负荷指标 /(W/m²)	室内温度 /℃	室内相对湿度/%	新风热负荷指标 /(W/m²)
15	24	50	504	20	50	505
20	24	50	672	20	50	673
25	24	50	840	20	50	842

屏障环境的室内动物的散热散湿量是负荷计算的难点,在负荷计算过程中,考虑到实验动物的生产过程存在阶段性长期稳态饲养,因此实验动物散热形成的冷负荷按稳态计算。恒温动物的体重(kg)与产热量(Kcal/日)具有较强的相关性,具体如下式:

$$M = 69W^{0.75}$$

上式只是在没有相关参数时的粗略估计,未考虑动物种、品系、性别及活动状态等影响。

《实验动物设施建筑技术规范》(GB 50447—2008)参考加拿大实验动物管理委员会编著的《实验动物设施—特性、设计与发展》给出了 19 种动物全热量,但不知各种动物的散湿量,详见表 4-2。以小鼠为例,1000m² 的屏障设施按照 6000 笼,以每笼 5 只小鼠的饲养量计算,负荷指标约为 25W/m²。

表 4-2 加拿大标准中实验动物的全热量

动物品种	个体重量/kg	全热量/(W/kg)
小鼠	0.02	41.4
雏鸡	0.05	17.2
地鼠	0.11	20.6
鸽子	0.28	23.3

动物品种	个体重量/kg	全热量/(W/kg)
大鼠	0.30	21.1
豚鼠	0.41	19.7
鸡(成熟)	0.91	9.2
兔子	2.72	12.2
猫	3.18	11.7
猴子	4.08	11.7
狗	15.88	6.1
山羊	35.83	5.0
绵羊	44.91	6.1
小型猪	11.34	5.6
猪	249.48	4.4
小牛	136.08	3.1
母牛	453.60	1.9
马	453.60	1.9
成人	68.00	2.5

德国实验动物协会发布的《实验动物饲养室及实验室的规划与组织》也给出了不同动物的显热量和潜热量,其具体指标与加拿大标准不同,此外还提供了散湿量,详见表4-3。以小鼠为例,180g/只的小鼠显热散热量为0.22W,潜热为0.12W,散湿量为0.17g/h,1000m^{2}的屏障设施按照6000笼,以每笼5只小鼠的饲养量计算,负荷指标约为10W/m^2,散湿量指标约为5.1kg/h。

表 4-3　德国标准中实验动物的显热量、潜热量及散湿量

动物品种	重量/kg	散热量/(W/每个正常活动的实验动物)		散湿量/(g/h)
		显热	潜热	
狗	4	12.48	6.72	9.61
	8	21.00	11.31	16.17
	12	28.46	15.32	21.9
	16	35.31	19.01	27.9
	20	41.74	22.48	32.2
	24	47.86	25.77	36.8
	28	53.73	28.93	41.3
	32	59.39	31.98	45.7
人	75	112.49	60.57	86.6
小鼠	0.18	0.22	0.12	0.17
大鼠	0.20	1.32	0.71	1.02
仓鼠	0.080	0.66	0.36	0.51
豚鼠	0.30	1.79	0.97	1.39
兔	2.00	7.42	4.00	5.72
猫	2.00	7.42	4.00	5.72
非人灵长类	5	14.76	7.95	11.37
小型猪	30	56.58	30.47	43.6
猪	125	165.01	88.85	127.1
绵羊	40	70.21	37.80	54.0
山羊	36	64.87	34.93	49.9
马	400	394.80	212.58	303.99
牛	300	318.18	171.33	245.0
鸡	1.8	6.86	3.69	5.3
鸽	0.28	1.70	0.91	1.3
鹌鹑	0.14	1.01	0.54	0.77

美国 ASHRAE 协会提供的各种动物的显热散热量和潜热散热量具体见表 4-4。以小鼠为例,21g/只的小鼠显热散热量为 0.325W,潜热为 0.158W,1000m^2 的屏障设施按照 6000 笼,以每笼 5 只小鼠的饲养量计算,负荷指标约为 15W/m^2。

表 4-4 美国 ASHRAE 标准中实验动物散热量

动物品种	重量/kg	散热量/(W/每个正常活动的实验动物)		
		显热	潜热	全热
小鼠	0.021	0.325	0.158	0.484
地鼠	0.118	1.18	0.58	1.76
大鼠	0.28	2.28	1.12	3.40
豚鼠	0.41	2.99	1.47	4.45
兔	2.45	11.5	5.66	17.1
猫	3.00	13.4	6.59	20.0
非人灵长类	5.44	20.9	10.3	31.1
犬	10.3	30.8	16.5	47.2
犬	22.7	67.7	36.3	104.0

浙江大学实验动物中心经过数次调研,并咨询动物实验研究专家,最终提供了日常教学与动物实验监测中统计的数据(见表 4-5)。以小鼠为例,1000m^2 的屏障设施按照 6000 笼,以每笼 5 只小鼠的饲养量计算,负荷指标约为 15W/m^2,散湿量指标约为 14.1kg/h。

表 4-5 动物实验中心实验动物发热量与散湿量指标

动物品种	每只动物发热量/W	每只动物散湿量/(g/h)
小鼠	0.49	0.47
大鼠	3.41	3.30
豚鼠	4.48	4.33

续表

动物品种	每只动物发热量/W	每只动物散湿量/(g/h)
兔子	17.15	16.58
猴	31.18	30.15
犬	47.24	45.67
小鸡	17.15	16.58
大鸡	31.18	30.15

根据上述动物散热量的调研可知,若考虑设备选型的最不利因素,动物全热散热量可按照国标推荐的加拿大地区的动物散热量统计作为计算依据,散湿量可按照浙江大学实验动物中心总结的指标作为计算依据。

实验动物生产区的围护结构、照明、设备等计算与常规空调无异,笔者不再赘述,对于实验区还应考虑使用电子设备及其他用电设备的数量和散热量,以确保暖通系统能容纳相关的热负荷。

4.2 冷热源系统

首先,实验动物房的冷热源系统相比于一般民用建筑的冷热源系统,主要区别在于全年不论何种气候条件均需满足严格的温度、湿度、洁净度等要求,绝大多数实验动物房全年连续运行,有同时供冷供热的特殊需求,而且,系统的保障性要求非常高,冷热源系统应考虑冗余设计,因此,"技术可靠"是选择实验动物房冷热源系统的首要准则;其次,实验动物房的屏障环境多采用全新风直流式风系统,实验动物热湿负荷大,空调系统能耗高,经济投入大,所以在选择其冷热源系统时还需考虑"经济合理"。

(1)冷水机组+锅炉

冷水机组与热水锅炉的组合方案是典型的传统空调冷热源型式,冷水机组承担实验动物用房的制冷需求,常压燃气热水锅炉提供实验动物用房的供热量、除湿再热量等需求,可以实现同时供冷供热,这也是大多数实验动物用房首选的常规方案,兼具经济性与可靠性。

但是"冷水机组＋锅炉"的技术方案也有设备繁杂、占用建筑面积较大、再热能耗大等特点,但很多实验动物用房的建设条件往往非常受限,"冷水机组＋锅炉"的技术方案更加适用于独立的大中型实验动物中心。

(2)风冷热泵＋锅炉

热泵的功能是把热从低位势(低温端)抽升至高位势(高温端)排放。风冷热泵机组就是利用室外空气的能量通过机械做功,使能量从低位热源向高位热源转移的制冷/热装置。它以冷凝器放出的热量来供热,以蒸发器吸收的热量来供冷。风冷热泵机组无需冷却水,其运行稳定性受气候条件影响较大,适用于冬季室外平均温度较高的地区(如我国的夏热冬冷地区)。但一般的风冷热泵机组并不具备同时供冷与供热的能力,因此,为了可以实现同时供冷供热满足实验动物房的负荷需求,同时为保证在冬季极端气候条件或其他特殊时期热水供应的可靠性,除风冷热泵以外,还需额外设置锅炉设施作为辅助热源,相比于"冷水机组＋锅炉"的技术方案,"风冷热泵＋锅炉"的技术方案在一定程度上节约了室内的建筑面积,但因其制冷 COP 远低于冷水机组,其系统的整体节能性相对较差。

(3)四管制多功能冷热泵机组

四管制多功能风冷热泵机组是近年来在市场上出现的一种新型风冷热泵空调机组,顾名思义,在四管制空调系统中,冷冻水系统和热水系统共四路接管,蒸发器和冷凝器可实现冷热联供,如图 4-1 所示。与传统的风冷热泵相比,四管制多功能风冷热泵机组输入一份电量,可同时得到冷量和热量,单台机组在全年工况下运行时,冷、热负荷均可在额定负荷的25％～100％范围内任意自动调节组合,可灵活实现单制冷、单制热、同时制冷制热三种工况,翅片换热器作为中间换热器,用于平衡冷热两端的能

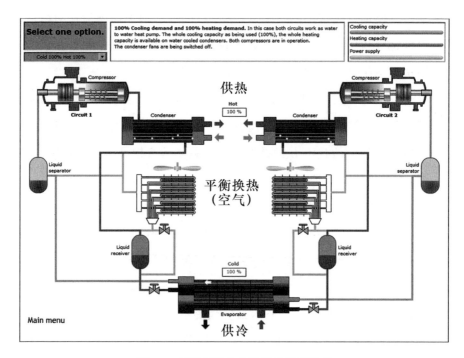

图 4-1　四管制风冷热泵机组原理示意

量平衡,冷热两侧均能实现独立调节。

　　四管制多功能热泵系统相比于冷水机组＋锅炉系统更容易操作维护,机房面积占用较小,但它和其他风冷热泵系统一样,室外条件恶劣时,尤其冬季运行时系统的保障性有待进一步考察,此外,对于比较干燥的北方,除湿再热需求量相对较小,四管制系统的优势并不十分明显,因此这类系统更适用于我国南方地区。

　　(4)热泵式溶液调湿机组

　　如图 4-2 所示,热泵式溶液调湿机组自带热泵系统,适用于全新风直流式风系统,新风处理段设有粗效过滤器、溶液全热回收单元、溶液调湿单元、送风机、中效过滤器、电加热器;排风处理段设有粗效过滤器、活性炭过滤器、溶液全热回收单元、溶液再生单元、排风机。热泵式溶液调湿机组将冷热源系统与空调风输配系统集中整合,与传统冷热源系统相比,还增设了溶液泵及储溶液箱,机组尺寸较大,所需机房面积大,因此选择此类系统在设计前期需与土建专业配合预留足够的机房面积。

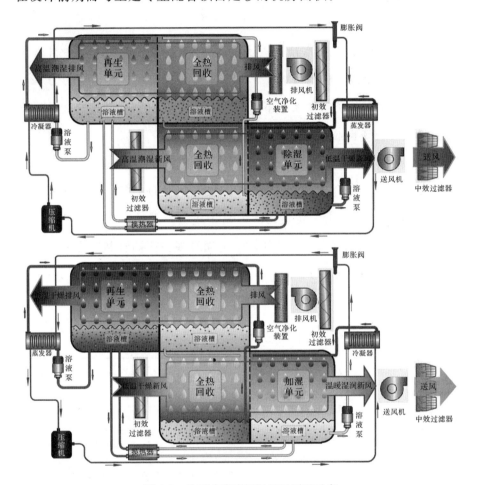

图 4-2 热泵式溶液调湿机组原理示意

热泵式溶液调湿机组夏季利用热泵蒸发器冷量冷却溶液,对空气降温除湿,热泵冷凝器排热量则用于浓缩再生溶液;冬季切换热泵系统四通换向阀运行制热工况,并通过补水稀释溶液,实现对空气的加热加湿。

传统空调系统多采用冷冻除湿再露点送风的方式控制室内湿度,除湿后再热控制室内温度,"冷热抵消"造成空调能耗高,而热泵式溶液调湿系统在控制实验动物环境时可有效地节省加湿与除湿的这部分能耗,此外,利用盐溶液的吸湿、放湿特性,还可实现对回风的全热回收,因此"节能"是这类空调系统的集中优势。

厦门某动物实验用房应用热泵式溶液调湿机组,2013 年 6 月份至 2014 年 5 月份年累计耗电量为 3293MWh,单位风量的年耗电量约为 22.0 元$/m^3/h$,相比于传统空调系统下降 56%,节能效果明显,初投资大约增加 40%~50%,投资回收期为 2~3 年。

目前国内溶液调湿空调系统中常用的调湿溶液有溴化锂和氯化锂、氯化钙、氯化锌及其混合比例溶液,在调湿过程中,处理空气与溶液在填料内接触不可避免地会夹带一定量的溶液离子成分。而送风带液是否影响动物生产及实验,仍需进一步研究探讨。下面以多功能四管制风冷热泵机组为代表,从初投资、运行成本及系统优缺点等方面进行比较,如表 4-6 所示。

表 4-6　冷热源方案对比

方案	多功能四管制风冷热泵机组	溶液调湿空气处理机组
初投资	较低	较高
运行成本	较高	较低
系统优点	初投资低。 系统可实现冷热联供,虽利用冷冻除湿原理,但无需考虑过高的再热负荷。冷热量平衡且调节可实现 0~100% 独立调节。 无"带液"问题,对实验室生物安全环境无潜在风险。	运行能耗较低,可充分利用热回收。 溶液除湿夏季无需考虑过高的再热量,冬季溶液加湿,相比电极加湿等更节能。 分区控制,系统更具灵活性。
系统缺点	冬季易受室外气候条件影响,极端天气下机组易发生故障。 工程施工调试工序复杂,对安装及调试素质要求高,水系统运行管理复杂。 仍需考虑冬季电加湿,且不易利用热回收。	初投资较高。 设备供货厂家相对水系统较少。 溶液调湿机组带液问题对于实验动物的影响未知。

4.3　净化空调系统

以国内用于医学研究最多的 SPF 级动物(鼠)的屏障环境作为主要的研究对象,介绍净化空调设计方案。为最大限度地避免交叉感染,有效控制实验动物环境的异味,采用全新风直流系统的空调方案,相比于新风加回风的混合系统,其不仅施工简单且便于调节和维护,长期来看,室内有害物浓度也不会累积增加,缺点是运行能耗较大,不过如能结合能量回收技术可以有效地节约运行成本,有关能量回收笔者将在 4.5 小节详细介绍。

实验动物设施的净化空调系统一般采用全新风直流系统,送风侧设置初效、中效、高效三级空气过滤,排风侧设置初效过滤。

对于使用开放式笼架具的屏障环境设施的动物生产区或动物实验区,工作人员和实验动物所处的是同一环境,因此只需设置一套净化空调送风系统+排风系统。

对于使用独立通风笼具的实验动物设施,工作人员与实验动物所处的环境不同,我们定义工作人员所处的环境为"大环境",实验动物所处的环境为"小环境",因此需分别为两种环境设置两套独立的净化空调送风系统+排风系统。

"大环境"屏障设施净化空调区的气流组织宜采用上送下排方式,尽可能地减少气流停滞区域,确保室内的可能被污染的空气以最快速度流向排风口,洁净走廊、污物走廊可以采用上送上回的气流组织方式。排风口下沿距离地面不宜低于 0.1m,避免将地面的灰尘卷起,排风口应具有过滤功能且宜设置调节风量的措施,排风口风速不宜大于 2m/s。"小环境"采用IVC 独立通风笼具,单个笼架的送排风量取决于笼盒数量、设计通风换气率等,一般换气次数在 40～70 次/h。

对于使用 IVC 通风笼具的实验动物设施,通常有几种不同的空调净化设计方案,笔者分别针对有主机型 IVC 通风笼具空调净化系统和无主机型 IVC 通风笼具空调净化系统进行介绍。

(1)有主机型 IVC 通风笼具空调净化系统

采用有主机型 IVC 通风笼具系统,系统自带送风机与排风机,送风机将房间已经处理过的洁净空气通过高效过滤器送入动物笼具中,排风机侧带有高效过滤器,风机将可能被污染的空气从笼具中抽出。对于有主机型 IVC 通风笼具来说,空气净化系统只需要设置"大环境"一套,其气流控制方式相对简单,但 IVC 笼具初期投资成本较高,而且风机产生的热量、噪声以及振动等在设计时应给予充分考虑,对制造厂商提供的设备也提出了更高的要求,笼盒的气密性要求高、泄漏量少。根据《实验动物设施建筑技术规范》"隔离器、动物解剖台、独立通风笼具等不应向室内排风"的要求,笼具的排风不应直接排向室内,可通过与大环境的排风系统连接排出室外或设置专用排风机组排出室外。有主机型 IVC 空调净化系统控制原理如图 4-3 所示。

(2)无主机型 IVC 通风笼具空调净化系统

无主机型 IVC 通风笼具,产品自身带有即插即用的风管接头,通过文丘里阀等气流平衡装置与"小环境"净化空调的送风、排风系统相连接,这种技术方案有效地消除了风机的热量、噪声、振动等,虽然增加了一套"小环境"专用净化空调与排风机组,但是实验设备的初投资会一定程度上降低,此外,笼架的拆除和安装也相对简单,每个笼架只有两个带环形卡环的软管,可以实现快速连接。但是需要注意的是,不论是"大环境"还是"小环境",屏障环境和隔离环境设施的动物生产区或动物实验区应设置备用的送风机和排风机,当风机发生故障时,系统能保证实验动物设施所需要的最小换气次数及温湿度要求。此外,由于同时具有"大环境"和"小环境"两

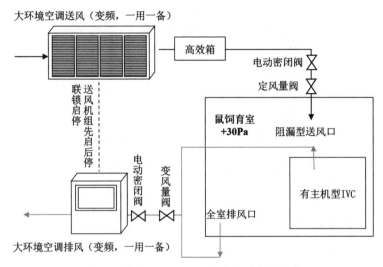

图 4-3 有主机型 IVC 空调净化系统图示意

套送风管和排风管,因此对于建筑层高也提出一定的要求。无主机型 IVC 空调净化系统控制原理如图 4-4 所示。

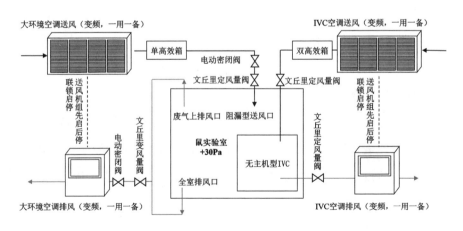

图 4-4 无主机型 IVC 空调净化系统图示意

《大型实验动物房的环境控制》参照无菌病房部的运行工况,根据实验动物专家提出的控制工况要求,将动物实验用房的净化空调运行状态分为以下五种。

（1）上班运行状态

上班期间指实验动物房正常运行，人员进入，正常工作，对动物进行所需操作，房间的热湿负荷最大，发尘量最多，送风量最大，室内环境达到规范标准的状态，保持正压。

（2）下班运行状态

下班后，人员离开，动物须仍处于正常的饲养环境，但无人干扰，此时热湿负荷降低，发尘量降低，房间的送风量也可以降低，但正压值保持不变。

（3）备用运行状态

实验动物房建成后有部分用房动物未引进，或前一次实验结束等待安排下一次的实验动物进入时，室内无人也无动物，房间仍应保持相同的正压值。

（4）自净状态

动物房需要定期清洁消毒，或者两次实验之间也需要清洁消毒，因此设定消毒状态十分必要，此时实验室无人也无物，由于消毒时实验用房不允许泄漏，整个房间处于密闭状态（包括所有的进出风管）；消毒后，要求先开排风再开送风，对室内一边进行送风稀释一边排风抽吸，此时房间应处于负压。

（5）紧急状态

某个房间出现紧急情况或者突发事件时，如发现房内的动物感染病菌，必须立即进入隔离状态，关闭送风、开大排风，室内有人对动物进行紧急处理。此时房间内的空气对其他空间是有害的，必须独立排风，室内保持最大负压，严禁室内空气向其他房间泄漏。

不同运行状态下的屏障环境，其空调自动控制系统主要针对温湿度控制、风量控制以及压力梯度控制这几个方面开展。

（1）温度控制

温度是影响生物体最重要的环境因素之一，根据系统内房间的温度传感器，去除偶发原因的反常值后加权平均的数值，调整空调箱再热盘管的再热量以及表冷器(加热器)的水量,从而调节送风温度满足室内温度要求。

(2)相对湿度控制

如前述,相对湿度控制和温度控制同样重要,但是可接受的变化范围较大。一般保持相对湿度在30%~50%范围内即可。除湿运行时,根据系统内房间的湿度传感器,去除偶发原因的反常值后加权平均的数值控制表冷器的机器露点温度;加湿运行时,根据系统内房间的湿度传感器,去除偶发原因的反常值后加权平均的数值控制加湿器的加湿量的大小。

(3)压力梯度控制

压力梯度,即与相邻相通周围环境的最小静压差,一般实验动物的屏障环境静压差要求不小于10Pa。实验动物屏障环境的压力差主要有两个作用:其一是"静态隔离",即门关闭的情况下,防止洁净室外的污染由缝隙渗入洁净室内;其二是"动态隔离",即在门开启时,保证有足够的空气向压力低的方向流动,削减由于开门和人员进入带来的瞬间气流量,并在门开启的状态下,保证气流的方向是向压力低的方向流动,以便把带入的污染减少到最低程度。

实验动物设施的压力控制与以下几个因素相关:压强梯度;建筑围护结构的气密性;控制方法与控制阀门。各类实验动物的压强梯度如表4-7所示。

表 4-7 各类实验动物设施的压强梯度

设施类别	压强梯度/Pa				
	小鼠、大鼠、豚鼠、地鼠		犬、猴、猫、兔、小型猪		鸡
	屏障环境	隔离环境	屏障环境	隔离环境	屏障环境
繁育、生产设施	20~50	100~150	20~50	100~150	20~50
动物实验设施	20~50	100~150	20~50	100~150	100~150

余风量控制已经被证明是保证实验动物用房有效的控制方法,美国国家标准研究所(ANSI)与美国工业卫生协会(AIHA)均表示支持实验室环境采用余风量方法来解决压差控制问题。对于实验动物用房的"大环境",

可通过空调送风管和排风管上安装的文丘里阀控制,以余风量控制,同时加入压力传感器和控制器对余风量进行设定,定送风量变排风量。

(4)风机联锁控制

屏障环境设施动物生产区或动物实验区的送风和排风机必须设置可靠连锁,风机的开机顺序:对于有正压要求的实验动物设施,送风机应先于排风机开启,后于排风机关闭;有负压要求的实验动物设施,排风机应先于送风机开启,后于送风机关闭。

4.4 废气处理系统

实验动物生物安全实验室的排风主要含有氨、硫化氢等污染物,不同的规范对实验动物房废气的处理要求不同。《医药工业环境保护设计规范》中要求"实验动物房排气应设置除臭装置",而《实验动物设施建筑技术规范》中规定"实验动物设施的排风不应影响周围环境的空气质量。当不能满足要求时,排风系统应设置消除污染的装置,且该装置应设在排风机的负压段"。《实验动物设施建筑技术规范》中并未强制要求设置除味装置,主要是考虑到有些实验设施远离市区或距周围建筑距离较远或已经采用高空排放等措施,对周围人的生活、工作环境影响较小,这种情况下可以不设置除味装置。因此,对于实际工程,应结合具体的规划选址条件综合考量对周围环境的影响来决定是否设置除味装置,如需设置则根据项目特点选择技术经济性较好的除味装置,下面针对适用于实验动物设施的几种除味装置进行详细的介绍。

(1)等离子废气净化设备

等离子废气净化设备设置高频的交流电场,废气中的电子在高速变化的电场中捕获能量,成为高能电子,碰撞废气中的各种气体分子,将气体分子激发成等离子态,气体中的氧气和水分子在高能电子的作用下产生大量的活性基团,这些活性基团与等离子态气体分子相互碰撞后引起一系列的物理与化学反应。废气中的污染物质被分解,并与这些具有较高能量的活性基团最终生成 CO_2 和 H_2O 等物质,从而将废气中的有害成分分解,其设备结构如图 4-5 所示。

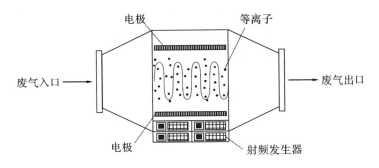

图 4-5　等离子废气处理设备结构示意

（2）UV（紫外线）高效光解废气净化设备

波长较短的紫外线其光子能量较强,利用 UV 光束照射恶臭气体,裂解恶臭气体如氨、三甲胺、硫化氢、甲硫氢、甲硫醇、甲硫醚、二硫化碳和苯乙烯、硫化物 H_2S、VOC 类、苯、甲苯、二甲苯的分子键,而且波长 200nm 以下的短波紫外线能分解 O_2,生成 O＊与 O_2 结合能生成臭氧 O_3,用紫外光解方式获得的臭氧,因获得复合离子光子的能量,能迅速地分解,分解后产生氧化性更强的自由基 O、OH、H_2O,O、OH、H_2O 与恶臭气体发生一系列的协同、连锁反应,恶臭气体最终被氧化降解为低分子物质、水和二氧化碳,这样通过运用 UV 紫外线光束及臭氧对恶臭气体进行协同分解氧化反应,使恶臭气体物质高效分解,再通过排风管道高空释放。

（3）一体扰流喷淋除臭设备

一体扰流喷淋除臭设备是一种水吸收装置。在运行状态下,经水泵加压的循环水从微孔中喷出,形成大量的水雾,水雾在向下降落的过程中,通过扰流球的作用与向上流动的排风充分接触,以溶解吸收排气中的臭气等可溶性物质,从而达到除臭效果。结构如图 4-6 所示,箱体下部为蓄水段,用以储存循环水,蓄水段一侧壁装有带浮球阀的自动补水口,用于接入水源,另一侧壁装有循环水泵、排污口和溢水口,分别用于驱动喷淋系统、排污系统以及溢水系统运行。蓄水段上部为排风导向段,用于将排风方向调整为与喷淋水呈对流的向上方向,排风导向段上部为水喷淋段,其底部设有既能减少空气阻力又能承载空气扰流球的底网,底网上部填充塑料制成的空气扰流球,用于将排风与雾化的循环水充分接触,空气扰流球的上部为布水管,布水管上密布大量的散射状微孔,用于雾化循环水,布水器上部为敞口,用于排放除臭后的空气。

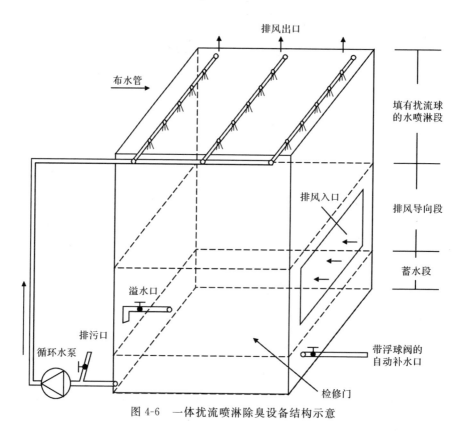

图 4-6 一体扰流喷淋除臭设备结构示意

4.5 热回收技术

对于采用直流全新风净化空调系统的实验动物用房等,由于新风量需同时满足净化负荷与热湿负荷要求,因此新风能耗非常大,如何回收排风系统中的能量对降低实验动物用房的能耗具有重要意义。排风热回收的方式较多,各种不同方式的效率高低、设备成本高低、维护保养难度各不相同,它们的初步比较如表 4-8 所示。

表 4-8   各种热回收方式比较

热回收方式	效率	设备成本	维护保养难度
转轮热回收	高	较高	较高
中间热媒式热回收	低	低	低
板式显热热回收	较高	较高	低
板翅式全热热回收	高	较高	低
热管热回收	较高	较高	低
溶液热回收	较高	高	较低

然而由于实验工艺的特殊性,并不是所有热回收方式都适用,由于实验动物用房的排风污染严重,异味大,排风不能不经处理直接与新风接触,故不能采用直接接触式的全热交换器,不宜采用板式换热器以及板翅式换热器,中间热媒式热回收、热管热回收以及溶液热回收则成为首选的热回收方式。

中间热媒式热回收的工作原理是中间热媒在高温风侧换热器被加热后通过管路循环至低温风侧换热器被冷却,中间热媒通常为乙二醇溶液,其特点如下:

(1)新风和排风不会产生交叉污染；

(2)供热侧与得热侧之间通过管道连接，因此对距离基本没有限制，布置灵活；

(3)需配备循环水泵，有动力消耗；

(4)由于应用中间热媒存在温差损失，热效率一般在50%以下。

溶液热回收则是通过氯化锂等盐溶液直接与空气接触时，通过空气与盐溶液直接进行热质交换，实现新风与排风之间的全热交换。夏季，溶液自顶部喷淋湿润填料，与排风接触后溶液被降温浓缩，排风经加热加湿后排到室外，降温浓缩后的盐溶液溢流进入下层喷淋模块，与室外新风接触，溶液被加热稀释，新风被降温除湿；冬季，通过切换四通换向阀改变循环方向，可实现室外新风的加热加湿功能。溶液喷淋可去除新风中的颗粒物及杂质，可起到净化室外新风的作用，特别适用于净化空调系统的使用。

溶液热回收在原理上与中间热媒式热回收类似，只不过中间热媒不直接与新风排风接触，存在温差损失，而溶液热回收则直接与新风排风接触，因此效率比较高，一般可在50%～85%。

热管热回收是借助工质(如氟利昂－11、氟利昂－113、丙酮、甲醇等)的相变进行热传递及能量回收，热管内的工质在高温侧换热器处吸热，工质蒸发为气态后在低温侧换热器处冷凝为液态，释放热量加热低温风，液态工质通过吸液芯回流至高温侧换热器处，如此往复实现热回收。其热回收工作流程示意如图4-7所示。

通常，热管热回收器由多根热管组成。为了增大传热面积，管外加有翅片，翅片比一般为10～25。沿气流方向的热管排数通常为4～10排。其主要特点如下：

(1) 结构紧凑，单位体积的传热面积大；

(2) 接近于等温运行，换热效率较高，一般可达60%以上；

(3) 没有转动部位，不额外消耗能量，运行安全可靠，使用寿命长；

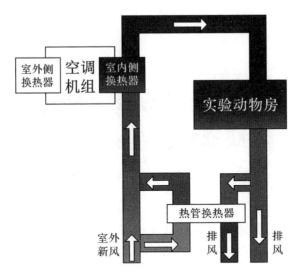

图 4-7 热管热回收示意

（4）每根热管自成换热体系，便于更换，利于后期维护。

由于中间热媒式热回收效率在三种适用热回收中最低且还有溶液泵等动力消耗元件，总体节能量最低，因此实际工程中建议根据技术经济性分析优先选用热管热回收或溶液热回收。

参考文献

［1］丁德,杨毅,曹志刚,等.浙江大学动物实验中心空调设计［J］.暖通空调,2013,43(9):19-23.

［2］李海山,梁崇礼.实验动物环境学［M］.昆明:云南科技出版社,2002.

［3］马雷,温福利,张诗兰,等.IWT650 洗笼机在动物实验室的应用体会［J］.实验动物科学,2016,33(6):50-51,54.

［4］山内忠平.实验动物的环境与管理［M］.上海:上海科学普及出版社,1989.

5 动物生物安全实验室的
暖通空调系统设计

生物安全实验室通过实验室设计建造、实验设备的配置、个人防护装备的使用,通过严格遵守预先指定的安全操作程序(safe operating procedure,SOP)和管理规范等综合措施,确保操作生物危险因子的工作人员不受实验对象的伤害,周围环境不受其污染。动物生物安全(animal biosafety level,ABSL)实验室,是指涉及动物操作的生物安全实验室。实验室的生物安全概念源于 20 世纪 40 年代,有科学家对微生物和生物医学实验室感染做了大量调查后,人们开始重视实验室感染。我国根据对所操作生物因子采取的防护措施,接轨国际标准,将实验室生物安全防护水平分为一级、二级、三级和四级,一级防护水平最低,四级防护水平最高。以 BSL-1、BSL-2、BSL-3、BSL-4 表示微生物安全实验室相应的生物安全防护水平,以 ABSL-1、ABSL-2、ABSL-3、ABSL-4 表示动物生物安全实验室相应的生物安全防护水平。

动物生物安全一级实验室(ABSL-1):能够利用实验动物安全操作,对实验室工作人员和动物无明显致病性,对环境危害程度微小的、特性清楚的病原微生物的生物安全水平。

动物生物安全二级实验室(ABSL-2):能够利用实验动物安全操作,对实验室工作人员和动物致病性低的,对环境有轻微危害的病原微生物的生物安全水平。

　　动物生物安全三级实验室(ABSL－3):能够利用实验动物安全地从事国内和国外的,可能通过呼吸道感染,引起严重或致死性疾病的病原微生物构害的生物安全水平。与上述相近的或有抗原关系的,但尚未完全认知的病原体,也应在此种水平条件下进行操作,直到取得足够的数据后,才能决定是继续在此种安全水平下工作还是在其他等级生物安全水平下工作。

　　动物生物安全四级(ABSL－4):能够利用实验动物安全地从事国内和国外的,能通过气溶胶传播,实验室感染高度危险,严重危害人和动物生命和环境的,没有特效预防和治疗方法的微生物工作的生物安全水平。与上述相近的或有抗原关系的,但尚未完全认识的病原体也应在此种水平条件下进行操作,直到取得足够的数据后,才能决定是在此种安全水平下工作还是在低一级安全水平下工作。

　　为加强病原微生物的生物安全管理,规范病原微生物的实验活动,国家卫健委组织制定了《人间传染的病原微生物目录》,规定了不同人间传染病毒动物感染(活菌感染)实验所需的生物安全实验室级别,国家农业农村部制定了《动物病原微生物实验活动生物安全要求细则》,规定了不同动物病原微生物动物感染实验所需的生物安全实验室级别,详见附录。

　　在动物生物安全实验室中,ABSL－1 和 ABSL－2 实验室分布较为广泛,ABSL－3 和 ABSL－4 属于高级别动物生物安全实验室,主要集中于各发达国家与部分发展中国家,如中国农业科学院哈尔滨兽医研究所、澳大利亚动物卫生研究所、美国国家动物疫病诊断中心、英国动物健康研究所和兽医实验室管理局、荷兰中央动物疫病控制研究所、德国联邦动物病毒病研究中心、加拿大中央外来动物疫病中心等。

　　动物生物安全实验室与微生物安全实验室的区别在于,其在进行病原微生物操作基础上,还需要加上实验动物的相关操作,涉及动物伦理、实验前后动物的处置,加上动物行为的不可控,因此在动物生物安全实验室设计时需要考虑的因素也更加复杂。在生物安全领域,大家的共识是要做到

"更科学、更有效、更安全",这个理念也体现在了动物生物安全实验室设计、建设、运营的全生命周期里。

5.1 相关标准体系

(1)世界卫生组织(WHO)手册

世界卫生组织(WHO)很早认识到生物安全是一个重要的国际性问题,因此,1983 年出版了《实验室生物安全手册》(*Laboratory Biosafety Manual*)第 1 版,随后各个国家以该手册为基本依据制定生物安全操作规范,1993 年该手册修订第 2 版,2004 年世界卫生组织发布第 3 版《实验室生物安全手册》。

第 3 版在以下几个方面增加了新的内容:危险度评估、重组 DNA 技术的安全利用以及感染性物质运输;介绍了生物安保的概念——保护微生物资源免受盗窃、遗失或转移,以免微生物资源的不适当使用而危及公共卫生;第 3 版还包括了 1997 年 WHO 出版的《卫生保健实验室安全》(*Safety in Health-Care Laboratories*)中有关安全的内容。手册共九部分,第一部分介绍 BSL-1 级~BSL-4 级实验室的"生物安全指南",第二部分介绍实验室生物安全保障的基本概念,第三部分介绍实验室设备,第四部分介绍微生物学的操作技术规范,第五部分介绍生物技术,第六到第八部分介绍实验室安全相关内容,第九部分是参考文献、附录等。

(2)美国 BMBL 标准

美国最早 1984 年发布了《微生物和生物医学实验室的生物安全》(*Biosafety in Microbiological and Biomedical Laboratories*)第 1 版,2009 年 9 月发布了标准的第 5 版,BMBL 标准致力于从生物安全的角度为生物医学实验室和临床实验室的运作提供有力的推荐措施。美国是高等级生物安全实验室建设最早、最多的国家,经验丰富,因此 BMBL 标准受到了国际社会的认可,甚至被一些业内人士称为生物安全实验室建设的"圣经",美国 BMBL 标准并不是强制性标准,虽然在美国有些地区是这样执行的,在我国相关标准的编制和修订过程中,借鉴了 BMBL 标准的相关内容。

BMBL 标准共分为九个部分,第一部分主要围绕生物安全原则即"风险评估"和"防护屏障"介绍生物安全的基本概况,第二部分详细介绍生物风险评估,第三部分介绍实现生物安全准则的设施与技术,这部分详细介绍了实验室生物安全设备(一级屏障)、设施设计与建设(二级屏障)、实验动物设施以及临床医学实验室等,第四和第五部分分别介绍 BSL-1/ABSL-1~BSL-4/ABSL-4 不同级别生物安全实验室的设施设备,第六部分介绍了生物安全与生物安全保障,并且介绍了风险评估的方法,第七部分介绍职业卫生健康与免疫预防,这部分特别介绍了 BSL-4 级生物安全实验室的职业健康,第八部分给出了不同试剂的总结描述。

(3)加拿大政府标准

加拿大政府 2015 年颁布了《加拿大生物安全标准》(*Canadian Biosafety Standards*,CBS)第 2 版,2016 年又颁布了《加拿大生物安全手册》(*Canadian Biosafety Handbook*,CBH)第 2 版,这两本标准(手册)内容上互相配套,CBH 是安全处理与病原体储藏的国家级指南,CBS 主要规范物理性防护、操作实践以及性能验证以保障 CBH 的实施。CBH 第 2 版更新替代了 2013 年加拿大发布的《加拿大生物安全标准和指南》(*Canadian Biosafety Standards and Guidelines*)的第二部分内容。

CBH 针对如何达到 CBS 中明确的生物安全与生物安全保障提供核心信息与指导。CBH 共 25 章,2 个附录,第 3 章对防护水平和防护区提出了要求,对二级、三级、四级实验室(CL2,CL3,CL4)和二级、三级农业实验室(CL2-Ag,CL3-Ag)的物理防护有详细要求,第 10 章介绍了包括空气过滤以及气流组织相等空气处理内容,第 15 章与 16 章主要介绍了灭菌及废弃物处理办法,第 22 章提供了新建防护区的设计指导意见,包括工艺布局、暖通系统、水系统、除菌设施以及门窗家具的相关介绍。

(4)英国 HSE 标准

英国健康安全委员会（Health and Safety Executive,HSE)发布的标准有《微生物实验室的管理、设计与运行》(*The Management*,*Design and Operation of Microbiological Containment Laboratories*)和《生物因子—4 级设施的原则、设计与运行》(*Biological Agents—The Principles*,*Design and Operation of Containment Level 4 Facilities*)，前者对二、三级实验室的建设和运行管理提出了要求；后者对四级实验室的设施和设备的建设和运行管理提出了要求。英国标准与美国 BMBL 标准一样，并不是强制标准。

英国标准主要内容分为 4 部分,第 1 部分是标准的基本介绍,第 2 部分是微生物感染实验室的健康安全管理,第 3 部分包括微生物感染实验室的设计与运行,这一部分介绍了实验室的设计流程与性能验证,最后一部分介绍了生物安全二级实验室(英国称为 CL2)与生物安全三级实验室(英国称为 CL3)的主要要求,包括空气处理、安防、废弃物处理、实验室家具、实验室结构以及个人防护设备等。

(5)中国标准

与美国、加拿大、欧洲发达国家相比,我国的实验室生物安全标准建设相对较晚。2003 年,SARS 疫情加快了我国生物安全实验室相关标准的发展进程。2003 年 8 月,在科技部、农业部、卫生部和质检总局等有关部门的大力支持下,由国家实验室认可委员会(CNAL)牵头起草编写《实验室生物安全通用要求》,并于 2004 年 5 月颁布实施。该标准的颁布实施是我国实验室生物安全管理、公共卫生和认证认可体系建设具有里程碑意义的大事,标志着我国实验室生物安全管理进入了科学化、规范化管理发展的新阶段。同年 8 月,中国国家质量检验检疫总局与建设部联合发布《生物安全实验室建筑技术规范》(GB 50346—2004),为进一步建设生物安全实验室提出了技术标准。2004 年 11 月,国务院《病原微生物实验室生物安全管理条例》(第 424 号令)的发布与实施,进一步将我国的实验室生物安全管理纳入法制化轨道。

《实验室生物安全通用要求》标准对规范当时我国生物安全实验室的设计、建设、认可和运行管理发挥了积极作用。标准实施后近 5 年的建设和运行实践,使得国内对生物安全实验室建设与运行管理有了更深入的理解,2007 年中国合格评定国家认可委员会(CNAS)组织农业、卫生、质检、建设、军队等系统专家在 2004 版标准的基础上修订并编制了国家实验室生物安全认可新标准。

5.2 风险评估

实验室生物安全不仅仅关乎实验室工作人员的职业健康,一旦发生事故,极可能会给人群、动植物带来不可预计的危害,因此生物安全实验室的风险管理非常重要。实验室风险评估是实验室风险管理的核心环节,是实验室设计、建造和管理的重要依据,也是预防实验室感染以及实验成功的基础,缺少了这个核心环节与基础,生物安全无从谈起,无从管起。

风险评估一般包括风险识别、风险分析以及风险评价三个步骤。风险识别是发现、确认和描述风险的过程,风险识别包括对风险源、事件及其原因和潜在后果的识别,可能会涉及历史数据、理论分析、专家意见以及利益相关者的需求。风险分析是理解风险性质、确定风险等级的过程,风险分析是风险评价和风险应对决策的基础。风险评价是对比风险结果和风险准则,以确定风险其大小是否可以接受或容忍的过程。在风险评估的基础上,制定针对性的措施及生物安全相关制度,并将风险控制措施写入实验标准操作规范中,减少实验室感染事件的发生,将工作人员暴露和环境污染的风险限制在可控范围内。

国家标准《实验室 生物安全通用要求》GB 19489 第三章对风险评估和风险控制提出了明确要求,风险评估应考虑但不限于如下内容。

(1)生物因子已知或未知的特性,如生物因子的种类、来源、传染性、传播路径、易感性、潜伏期、剂量-效应(反应)关系、致病性(包括急性与远期效应)、变异性、在环境中的稳定性、与其他生物和环境的交互作用、相关实验数据、流行病学资料、预防和治疗方案等;

(2)适用时,实验室本身或相关实验室已发生的事故分析;

(3)实验室常规活动和非常规活动过程中的风险(不限于生物因素),包括所有进入工作场所的人员和可能涉及的人员(如:合同方人员)的活动;

(4)设施、设备等相关的风险;

(5)适用时,实验动物相关的风险;

(6)人员相关的风险,如身体状况、能力、可能影响工作的压力等;

(7)意外事件、事故带来的风险;

(8)被误用和恶意使用的风险;

(9)风险的范围、性质和时限性;

(10)危险发生的概率评估;

(11)可能产生的危害及后果分析;

(12)确定可接受的风险;

(13)适用时,消除、减少或控制风险的管理措施和技术措施,及采取措施后残余风险或新带来的风险的评估;

(14)适用时,运行经验和所采取的风险控制措施的适应程度评估;

（15）适用时，应急措施及预期效果评估；

（16）适用时，为确定设施设备要求、识别培训需求、开展运行控制提供的输入信息；

（17）适用时，降低风险和控制危害所需资料、资源（包括外部资源）的评估；

（18）对风险、需求、资源、可行性、适用性等的综合评估。

动物生物安全实验室虽然不同于普通生物安全实验室，但是在进行感染动物实验时也包括了病原微生物的操作，因此在实验室进行风险评估时应首先考虑病原微生物的风险评估，这里包括了对已知病原和未知病原的风险评估，分别从病原微生物（实验操作对象）的特性、实验操作过程、人员素质能力等方面开展。实验动物相关的风险则主要来源于动物的感染性、动物的攻击性以及动物实验的复杂性，因此动物生物安全实验室风险评估的内容还应包含以上几点。

常用的风险分析方法可简单分为基于知识的分析方法、基于模型的分析方法、定量分析和定性分析方法。国家标准《风险管理　风险评估技术》GB/T 27921 对头脑风暴法、德尔菲法、情景分析法等 32 种风险评估方法进行了介绍，并对这 32 种风险评估技术的适用阶段进行比较，各方法的适用性详见表 5-1。

表 5-1　技术在风险评估各阶段的适用性

风险评估技术	风险评估过程					详述
	风险识别	风险分析			风险评价	
		后果	可能性	风险等级		
头脑风暴法	SA	A	A	A	A	B.1
结构化/半结构化访谈	SA	A	A	A	A	B.2
德尔菲法	SA	A	A	A	A	B.3
情景分析法	SA	SA	A	A	A	B.4

续表

风险评估技术	风险评估过程					详述
	风险识别	风险分析			风险评价	
		后果	可能性	风险等级		
检查表	SA	NA	NA	NA	NA	B. 5
预先危险分析	SA	NA	NA	NA	NA	B. 6
失效模式和效应分析	SA	SA	SA	SA	SA	B. 7
危险与可操作性分析	SA	SA	A	A	A	B. 8
危害分析与关键控制点	SA	SA	NA	NA	SA	B. 9
结构化假设分析	SA	SA	SA	SA	SA	B. 10
风险矩阵	SA	SA	SA	SA	A	B. 11
人因可靠性分析	SA	SA	SA	SA	A	B. 12
以可靠性为中心维修	SA	SA	SA	SA	SA	B. 13
压力测试	SA	A	A	A	A	B. 14
保护层分析法	A	SA	A	A	NA	B. 15
业务影响分析	A	SA	A	A	A	B. 16
潜在通路分析	A	NA	NA	NA	NA	B. 17
风险指数	A	SA	SA	A	SA	B. 18
故障树分析	A	NA	SA	A	A	B. 19
事件树分析	A	SA	A	A	NA	B. 20
因果分析	A	SA	SA	A	A	B. 21
根原因分析	NA	SA	SA	SA	SA	B. 22
决策树分析	NA	SA	SA	A	A	B. 23
蝶形图法(Bow-tie)	NA	A	SA	SA	A	B. 24
层次分析法(AHP)	NA	A	A	SA	SA	B. 25
在险值法(VaR)	NA	A	A	SA	SA	B. 26

续表

风险评估技术	风险评估过程					详述
	风险识别	风险分析			风险评价	
		后果	可能性	风险等级		
均值-方差模型	NA	A	A	A	SA	B. 27
资本资产定价模型	NA	NA	NA	NA	SA	B. 28
FN曲线	A	SA	A	A	SA	B. 29
马尔可夫分析法	A	SA	NA	NA	NA	B. 30
蒙特卡罗模拟法	NA	NA	NA	NA	SA	B. 31
贝叶斯分析	NA	SA	NA	NA	SA	B. 32

注:1. SA 表示非常适用;2. A 表示适用;3. NA 表示不适用。

风险评估的流程参考图 5-1 进行,可根据项目的实际情况和选择的风险分析方法,在此基础上进行增减。

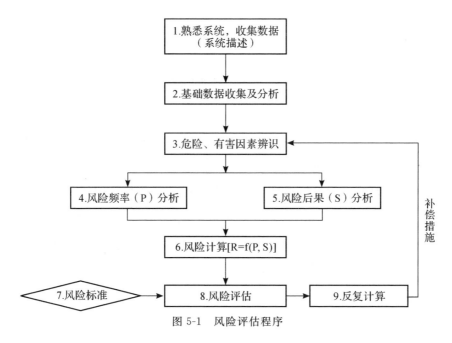

图 5-1　风险评估程序

一般来说,生物安全实验室的风险评估大致可分为四个阶段。

①第一阶段:根据实验室活动设计的生物危险因子,确定实验室设施

和设备的防护水平。

②第二阶段：对设施设备等资源的风险评估，根据防护水平，评估设施设备、管理、人员等资源与国家相关要求的符合性及可靠性，确定是否具备从事相关活动的条件。

③第三阶段：根据实验室的具体情况，对实验室活动中可能遇到的风险进行系统的评估，并实施必要的控制措施。

④第四阶段：实验室运行期间的持续风险评估。风险评估是动态的，由于风险评估具备不确定性，而且是伴随实验活动产生的，因此必须持续进行评估。

5.3　气溶胶及其风险防控

感染动物在观察饲养期间，它们在呼吸、排泄、抓咬、挣扎、逃逸、跳跃时，在更换垫料、饲料，进行感染接种（特别是鼻腔内接种）时，在尸体剖检、病理组织、排泄物的处理等过程中会大量产生传播危害性极大的气溶胶。在动物生物安全实验室涉及的各类风险中，暖通空调系统的设计需要重点关注气溶胶的风险控制。

气溶胶是指悬浮在气体介质中的固态或液态颗粒所组成的气态分散系统，其颗粒直径在 $0.001\sim100\mu m$ 之间，气溶胶是一门复杂的学科，涉及微生物学、流体力学、生物化学等学科，从流体力学角度，气溶胶实质上是气态为连续相，固、液态为分散相的多相流体。凡含有生物性粒子的气溶胶可称为生物气溶胶。生物性粒子可以是细菌、真菌、病毒等，也可以是过敏原、孢子、唾液等。在动物生物安全实验室内涉及的生物气溶胶可分为感染性病原体气溶胶和动物性过敏原气溶胶。为了研究病原微生物对动物的生物学特性，经常需要在动物生物安全实验室内操作病原微生物，而且多为人畜共患病,在实验过程中,解剖、研磨、吹吸、接种等常规操作以及注射器误操作、玻璃容器破碎等意外事件均可引起感染性病原体气溶胶。一般来说,微生物个体大小的范围,细胞和芽孢在 $0.3 \sim 10 \mu m$,真菌孢子在 $2 \sim 5 \mu m$,病毒在 $0.02 \sim 0.3 \mu m$。动物过敏原则包括动物毛发、皮屑、分泌物和尿液等,其进入空气形成气溶胶后可通过吸入、皮肤接触和眼部接触引起实验动物从业人员的过敏反应,产生实验动物过敏症。动物性过敏原气溶胶具有较宽的粒径范围,大鼠和小鼠过敏原颗粒粒径主要分布在 $6 \sim 18 \mu m$,而兔的过敏原颗粒粒径 $\leqslant 2 \mu m$,而且过敏原气溶胶遍布动物实验设施。

WHO 和美国疾病预防控制中心将粒径大于 $5 \mu m$ 颗粒视为飞沫传播,飞沫传播距离较短,容易沉积在易感个体的黏膜表面,粒径小于等于 $5 \mu m$ 颗粒视为气溶胶传播,气溶胶传播具有潜在的远距离空气传播能力,而且粒径小于 $5 \mu m$ 的颗粒更容易穿过气道到达肺泡。需要注意的是,有关飞沫和气溶胶的明确划分界限在全球范围内尚未达成共识,粒径在 $5 \sim 10 \mu m$ 范围内的颗粒兼具短距离和长距离的潜在传播能力。

于玺华等人针对性地总结了微生物气溶胶的特征。微生物气溶胶具有来源多样性、种类多样性、活力易变性、播散三维性、沉积再生性、感染广泛性等特点,这六大特点作为生物医学洁净技术的基础贯穿在生物医学洁净防控系统的设计之中。

(1)来源多样性

生物洁净技术中的微生物气溶胶主要来源于土壤、水体、大气、人体、动物、植物等,它们之间还可以相互作用,使问题更加复杂。

土壤是微生物巨大的繁殖、贮存、发生场所,每克土壤可含 100 亿以上的菌。水体也是微生物气溶胶的重要来源,空调中的冷凝水更是造成空气传染病的祸首,军团菌就是通过它传播的。大气是微生物气溶胶另一重要来源,它时刻与洁净空间的空气进行着微生物的交换。生物体——实验动物和人,不仅是微生物的贮存体与繁殖体,也是重要的污染源,实验动物通过便、尿、体液向空气散发的微生物不计其数。

(2)种类多样性

除自然微生物外,生物安全实验室的空气中还可能包含大量的细菌、真菌、病毒、支原体、衣原体、立克次体,这些微生物可在一定条件下形成气溶胶。

(3)活力易变性

微生物的气溶胶活性一直处于不稳定状态,影响其存活的因素有微生物种类、悬浮基质、环境温度、湿度、照射等,微生物气溶胶的衰减是物理衰减和生物衰减的总和,生物衰减主要与微生物种类、存在形式及其他外部因素有关,物理衰减则主要与气溶胶扩散过程的重力沉降、碰撞、静电吸引等因素有关,生物洁净技术正是通过促使微生物气溶胶进行衰减而控制污染的。

(4)播散三维性

气溶胶的扩散主要受到气流影响,其次是重力、静电等因素,气溶胶会按照其固有的三维空间播散规律运行,播散到其他相邻空间,因此临室压差梯度营造,空气的定向流通在生物洁净技术中格外重要。

(5)沉积再生性

微生物气溶胶在风吹、清扫、震动及各种机械作用下会再次扬起重新生成气溶胶,而且只要微生物粒子保持活性,这种"沉积—悬浮"的重复播散运动就不会停止,也因此,空气中的气溶胶浓度最能代表房间的洁净度,空气消毒的重要性不言而喻。

(6)感染广泛性

微生物气溶胶可通过呼吸道、黏膜、皮肤损伤、消化道等侵入人体,特别是呼吸道的易感性决定了微生物气溶胶感染的广泛性。

5.4 工艺布局

设计生物安全室主要是为了保障实验室工作人员、环境以及生物因子意外暴露可能危害的公众,一般采用的控制方法主要有两种,即生物控制和物理控制。生物控制是指从生物学角度建立安全防护方法,利用一些经过基因改造的有机体作为宿主-载体系统,除了在特定实验环境下,几乎在外部环境不能生存、繁殖和转移。物理控制最为常见的是通过采用封闭设备和隔离设施构建屏障,一般可分为一级屏障和二级屏障。一级屏障指的是生物安全实验室的安全设备,包括生物安全柜、离心机、正压防护服等,由于其发挥主要或第一位屏障作用,称为一级屏障。实验室的建筑构件、暖通空调系统等设施,在安全控制方面发挥辅助或第二位的作用,称为二级屏障。物理控制与生物控制相互补充、相辅相成,通过将物理控制方式与生物控制方式进行不同方式的组合,满足不同实验室的生物安全防护要求。

值得注意的是,屏障的构建是一个系统化、整体化的工程,由于篇幅有限,本书主要针对暖通空调系统以及与之相关的内容进行重点介绍,5.4.1节介绍了一级屏障中的安全设备,其余小节介绍二级屏障及其暖通空调系统设计。

5.4.1 一级屏障

5.4.1.1 生物安全柜

生物安全柜(biological safety cabinets,BSCs)简称生安柜,是生物安全实验室中的核心设备,是操作原代培养物、菌毒株以及诊断性标本等具有感染性的实验材料时,用来保护操作者本人、实验室环境以及实验材料,使其避免暴露于上述操作过程中可能产生的感染性气溶胶和溅出物而设计的。

多年以来,生物安全柜的基本设计已经历经了多次改进。主要的变化是在排风系统增加了HEPA过滤器,使得生安柜能够有效地截留所有已知传染因子,并确保从安全柜中排出的是完全不含微生物的空气。生物安全柜设计中的第二个改进是将经HEPA过滤的空气输送到工作台面上,从而保护工作台面上的物品不受污染。这一特点通常被称为实验对象保护(product protection)。这些基础设计上的变化使得三种级别的生物安全柜都得到了改进,表5-2列出了各种安全柜所能提供的保护。

表5-2 不同保护类型及生物安全柜的选择

保护类型	生物安全柜的选择
个体防护,针对危险度1～3级微生物	Ⅰ级、Ⅱ级、Ⅲ级生物安全柜
个体防护,针对危险度4级微生物,手套箱型实验室	Ⅲ级生物安全柜
个体防护,针对危险度4级微生物,防护服型实验室	Ⅰ级、Ⅱ级生物安全柜
实验对象保护	Ⅱ级生物安全柜,柜内气流是层流的Ⅲ级生物安全柜
少量挥发性放射性核素/化学品的防护	Ⅱ级B1型生物安全柜,外排风式Ⅱ级A2型生物安全柜
挥发性放射性核素/化学品的防护	Ⅰ级、Ⅱ级B2型、Ⅲ级生物安全柜

20世纪70年代,美国颁布NSF49。2002年,NSF49获得美国国家标准学会(American National Standards Institute,ANSI)官方认可,成为美

国生物安全柜的国家标准,现行版本是《NSF/ANSI 49－2014 生物安全柜:设计,构造,性能与现场验证》(NSF/ANSI 49－2014 Biosafety Cabinetty:Design,Construction,Performance,and Field Certification),该标准规范了生安柜的定义、材料、设计建造以及性能相关要求。

2005 年 5 月,欧洲标准化委员会(CEN)颁布生物安全柜标准,《生物技术微生物安全柜性能要求》(EN 12469:2000)作为欧盟地区的生物安全柜的统一标准。与 NSF 49 相比,EN 12469 的适用范围更广,NSF49 应用于 Class Ⅱ 生物安全柜,而 EN 12469 应用于 Class Ⅰ～Class Ⅲ 生物安全柜,但是 NSF 49 定义并介绍了 Class Ⅱ 生安柜的不同子类型,而 EN 12469 仅仅针对大类进行总体介绍,两个规范同样强调性能标准与物理测试数据,只不过对于个别细节有所区别。

2005 年,建设部标准定额研究所发布《生物安全柜》(JG 170),这是我国第一部生物安全柜的专有标准,标准主要参考 NSF 49 和 EN 12469 标准制定并结合了一些生产厂家的设计制造经验。同年,国家食品药品监督管理局发布《生物安全柜》(YY 0569),2011 年标准名称更新为《Ⅱ级生物安全柜》(YY 0569),删除了Ⅰ级和Ⅲ级生物安全柜相关内容,并且对Ⅱ级生物安全柜的特点要求进行修订。

生安柜分为三个等级 CLASS Ⅰ,CLASS Ⅱ 以及 CLASS Ⅲ,其中 CLASS Ⅱ 又细分为 TYPE A1,TYPE A2,TYPE B1,TYPE B2。

三个等级的生安柜的选择方案,可参照美国 BMBL 标准(见表 5-3)。

表 5-3　生安柜适用范围

生物安全等级	保护对象			生物安全柜等级
	人员	产品	环境	
BSL 1－3	是	否	是	Ⅰ
BSL 1－3	是	是	是	Ⅱ
BSL－4	是	是	是	Ⅲ;Ⅱ

（1）CLASS Ⅰ生物安全柜

图 5-2 为Ⅰ级生物安全柜的示意图。房间空气从前面的开口处以 0.38 m/s 的低速率进入安全柜，空气经过工作台表面，并经排风管排出安全柜。定向流动的空气可以将工作台面上可能形成的气溶胶迅速带离实验室工作人员而被送入排风管内。操作者的双臂可以从前面的开口伸到安全柜内的工作台面上，并可以通过玻璃窗观察工作台面的情况。安全柜的玻璃窗还能完全抬起来，以便清洁工作台面或进行其他处理。

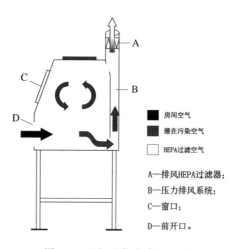

■房间空气
■潜在污染空气
□HEPA过滤空气

A—排风HEPA过滤器；
B—压力排风系统；
C—窗口；
D—前开口。

图 5-2　Ⅰ级生物安全柜示意

（2）CLASS Ⅱ生物安全柜

CLASS Ⅱ生安柜是目前在生物安全实验室中应用最为广泛的柜型，CLASS Ⅱ生安柜又分为 4 个子类型，即 TYPE A1、TYPE A2、TYPE B1 及 TYPE B2。

①TYPE A1

A1 型安全柜前窗气流速度最小量或测量平均值应至少为 0.38m/s。70％的气体通过 HEPA 过滤器再循环至工作区，30％的气体通过排气口过滤排出（可排至室内），如图 5-3 所示。

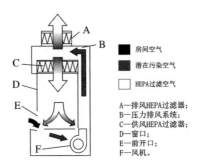

图 5-3 Ⅱ 级 A1 型生物安全柜示意

②TYPE A2

A2 型安全柜前窗气流速度最小量或测量平均值应至少为 0.5m/s。70％的气体通过 HEPA 过滤器再循环至工作区,30％的气体通过排气口过滤排出(可排至室内),如图 5-4 所示。

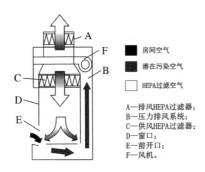

图 5-4 Ⅱ 级 A2 型生物安全柜示意

③TYPE B1

B1 型安全柜前窗气流速度最小量或测量平均值应至少为 0.5m/s。70％的气体通过排气口 HEPA 过滤器排除,30％的气体通过供气口 HEPA 过滤器再循环至工作区,如图 5-5 所示。

④TYPE B2

B2 型安全柜前窗气流速度最小量或测量平均值应至少为 0.5m/s。

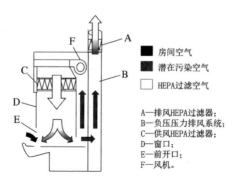

图 5-5 Ⅱ级 B1 型生物安全柜示意

100％全排型安全柜,无内部循环气流,可同时提供生物性和化学性的安全控制,可以操作挥发性化学品和挥发性核放射物作为添加剂的微生物实验,如图 5-6 所示。

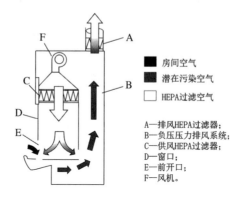

图 5-6 Ⅱ级 B2 型生物安全柜示意

对上述介绍的生安柜进行简单分类,TYPE A1 与 TYPE A2 可划为内循环型生物安全柜,TYPE B1 可划为半排型生物安全柜,TYPE B2 可划为全排型生物安全柜。

(3)CLASS Ⅲ生物安全柜

Ⅲ级生物安全柜,如图 5-7 所示,用于操作危险度 4 级的微生物材料,可以提供最好的个体防护。Ⅲ级生物安全柜的所有接口都是密封的,其送风经 HEPA 过滤,排风则经过 2 个 HEPA 过滤器。Ⅲ级生物安全柜由一个外置的专门的排风系统来控制气流,使安全柜内部始终处于负压状态。只有通过连接在安全柜上的结实的橡胶手套,手才能伸到工作台面。

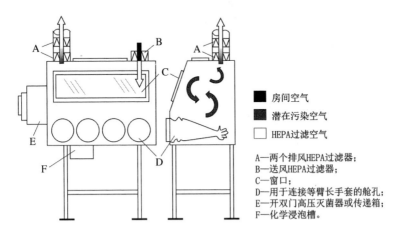

房间空气
潜在污染空气
HEPA过滤空气

A—两个排风HEPA过滤器;
B—送风HEPA过滤器;
C—窗口;
D—用于连接等臂长手套的舱孔;
E—开双门高压灭菌器或传递箱;
F—化学浸泡槽。

图 5-7　Ⅲ级生物安全柜(手套箱)示意

《生物安全实验室关键防护设备性能现场检测与评价》通过分析整理国内外标准中所涉及的测试项目,将用以评价生物安全柜的综合运行能力最终确定为垂直气流平均风速、工作窗口进风平均速度、操作区洁净度、气流方向、噪声、照度、送/排风高效过滤器检漏,因此,笔者主要针对上述因素对各标准进行总结归纳,如表 5-4 所示。此外,《Ⅱ级生物安全柜》(YY 0569)未涉及 CLASS Ⅰ及 CLASS Ⅲ生物安全柜的相关性能要求,而 CLASS Ⅱ生物安全柜在动物生物安全实验室中应用最为广泛,代表性最强,所以表 5-4 的性能对比只针对 CLASS Ⅱ生物安全柜。

表 5-4 不同标准 CALSS II 生安柜的性能要求

现场检测项目	NSF/ANSI 49	EN 12469	YY 0569	JG 170
垂直气流平均风速/(m/s)	厂家标称值±0.025	保护样品 0.25～0.5；保护操作人员≥0.4m/s	0.25～0.5	0.25～0.4
工作窗口进风平均速度/(m/s)	A1 型安全柜流入气流平均流速应不低于 0.38m/s；A2、B1 和 B2 型生物安全柜流入气流平均流速应不低于 0.51m/s	保护样品 0.25～0.5；保护操作人员≥0.4m/s	A1 型安全柜流入气流平均流速应不低于 0.40m/s；A2、B1 和 B2 型生物安全柜流入气流平均流速应不低于 0.50m/s	A1 型安全柜流入气流平均流速应不低于 0.40m/s；A2、B1 和 B2 型生物安全柜流入气流平均流速应不低于 0.50m/s
操作区洁净度	未提及	未提及	未提及	当需要保护受试样本时，N5
气流模式	安全柜工作区的气流应向下，应不产生旋涡和向上气流且无死点；安全柜前操作口整个周边气流应向内，无向外逸出的气流；安全柜工作区气流向下（无旋涡），不会在安全柜侧边或顶部调节门处外溢	安全柜前操作口整个周边气流应向内，工作区的气流应向下，应不产生旋涡	安全柜工作区的气流应向下，应不产生旋涡和向上气流且无死点；气流应不从安全柜逸出；安全柜前操作口整个周边气流应向内，无向外逸出的气流。安全柜的前窗操作口流入气流不进入工作区	工作区开口周边的气流均应直接进入台面吸入口，不进入工作区；工作区域内的气流应稳定地流动，无向上回流气流；有垂直可移动窗的生物安全柜，其两边滑槽处应无向外逸出的气流
噪声	背景噪声不超过 60dB(A)，距安全柜前方中心水平向外 30cm，操作面上方 38cm 处的噪声不应超过 70dB(A)	背景噪声低于 55dB(A)，距安全柜窗口中心位置 1m 处噪声不应超过 65dB(A)	距安全柜前方中心水平向外 300mm、工作台面上方 380mm 处的噪声应不超过 67dB(A)	距前壁板水平中心向外 300mm，且高于工作面 380mm 处的噪声不超过 65dB(A)
照度	安全柜平均照度应不小于 650lx，每个照度实测值应不小于 430lx	工作区照度至少 750lx	安全柜平均照度应不小于 650lx，每个照度实测值应不小于 430lx	操作台面的平均照度（无背景照明）应不小于 650lx

现场检测项目	NSF/ANSI49	EN 12469	YY 0569	JG 170
高效过滤器	对于可扫描检测过滤器,在任何点的漏过率应不超过0.01%,对于不可扫描检测过滤器的漏过率不应超过0.005%	当使用粒子计数器进行检漏时,局部透过率为0.005%的高效过滤器,其整体透过率应不大于0.05%,当使用光度计进行检漏时,高效过滤器的局部透过率不大于0.05%	可扫描检测过滤器在任何点的漏过率不超过0.01%,不可扫描检测过滤器监测点的漏过率不超过0.005%	粒子数 ≤ 10粒/L

5.4.1.2　生物安全型独立通风笼具

生物安全型独立通风笼具是特殊的独立通风笼具,以笼盒为密闭独立单元,配有洁净空气装置,洁净空气送入笼盒使得饲养微环境长期保持一定的负压和洁净度,避免笼盒外空气侵入及笼盒内气体逸出,分类上是一种负压型 IVC。生物安全型小鼠、大鼠独立通风笼具的结构模型如图 5-8 所示,可以看出,其结构与正压型 IVC 十分相似。

然而,负压型 IVC 与正压型 IVC 的设计理念不同,笼架与环境、笼盒与笼架、笼盒与笼盒之间的泄漏和污染隐患较难控制,目前国内有关企业正积极研发生物安全型负压型 IVC。负压型 IVC 主要有如下几点关键技术:气密性、一体性坚固性、耐灭菌抗老化、笼盒内环境舒适性、自控及整机稳定性,特别是材料与密封技术是关键技术中的核心。《实验动物 生物安全型小鼠、大鼠独立通风笼具通用技术要求》中规范了生物安全型小鼠、大鼠独立通风笼具笼盒内的环境指标,如表 5-5 所示。

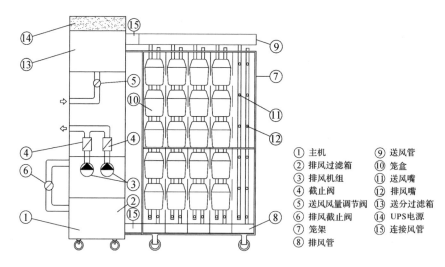

图 5-8 生物安全型小鼠、大鼠独立通风笼具结构模型

① 主机   ⑨ 送风管
② 排风过滤箱   ⑩ 笼盒
③ 排风机组   ⑪ 送风嘴
④ 截止阀   ⑫ 排风嘴
⑤ 送风风量调节阀   ⑬ 送分过滤箱
⑥ 排风截止阀   ⑭ UPS电源
⑦ 笼架   ⑮ 连接风管
⑧ 排风管

表 5-5 生物安全性小鼠、大鼠独立通风笼具笼盒内环境指标

项目	指标
气流速度/(m/s)	≤0.2
换气次数/h	≥50(设备验收时不小于 80)
静压差/Pa	≤-20(设备验收时高于-250)
空气洁净度	静态时洁净度应达到 7 级或 5 级
空气沉降菌	无菌检出
噪声	≤60dB(A)(设备本身运行噪声≤55dB(A))
氨浓度	主排风口动态时氨浓度≤14
气密性/(mg/m³)	检测结果应符合 RB/T 199 规定,笼盒内压力由-100Pa升至 0Pa 的时间不少于 5min

《实验室生物安全认可准则对关键防护设备评价的应用说明》(CNAS-CL05-A002)以及在此基础上编制的《实验室设备生物安全性能评价技术规范》(RB/T 199-2015)对独立通风笼具的技术指标及评价项目方法提出了具体要求,具体如下。

1. 独立通风笼具(IVC)气流速度检测结果应不大于 0.2m/s。

2.正常运行时笼具内应有不低于所在实验室 20Pa 的负压。

3.笼盒内的最小换气次数不低于 20 次/h。

4.笼盒气密性应满足 IVC 笼盒内压力由-100Pa 衰减至 0Pa 的时间宜不少于 5min。

5.送风高效过滤器检漏、排风高效过滤器检漏,对于可进行扫描检漏测试的,进行扫描检漏测试;对于无法进行扫描检漏测试的,可选择效率法检漏测试。检测结果应符合:

a)对于扫描检漏测试,被测过滤器滤芯及过滤器与安装边框连接处任意点局部透过率实测值不得超过 0.01%。

b)对于效率法检漏测试,当时使用气溶胶光度计进行测试时,整体透过率实测值不得超过 0.01%;当使用离散粒子计数器进行测试时,置信度为 95% 的透过率实测值置信上限不得超过 0.01%。

如果负压动物笼具本身不具备排风高效过滤器检漏条件,应确保其排风密闭连接到可原位检漏消毒的高效过滤器排出。

5.4.1.3 动物隔离设备——负压隔离器

根据隔离器与外环境的压力关系,可以将其分为正压隔离器与负压隔离器。正压隔离器内压力高于外环境压力,主要用于饲养无菌动物、悉生动物等;负压隔离器内压力低于外环境压力,主要饲养感染了高致病性病原微生物的实验动物。负压隔离器作为一种生物安全性隔离屏障,可以保证动物与外界环境的隔离,满足动物所需的特定环境,同时,可有效控制感染物质,提高科研人员的安全水平。

根据负压隔离器的生物安全防护性能,可以将负压隔离器分为气密式隔离器与非气密式隔离器,手套箱式隔离器就是一种典型的气密式隔离器。

以手套箱式隔离器说明其主要结构:由进行饲养或实验操作的隔离室、进行器材等传出传入的传送设施、送风机、空气过滤器、排风机等构成。空气经送风机在高效空气过滤器处经无菌化处理以后进入隔离室内,隔离室上装有橡胶手套(一般为氯丁橡胶制),隔离室内部的操作都是利用这个手套进行,隔离室内的空气经排风机向外排出时,排气须装有空气过滤器。

《实验室生物安全认可准则对关键防护设备评价的应用说明》(CNAS-CL05-A002)以及在此基础上编制的《实验室设备生物安全性能评价技术规范》(RB/T 199-2015)对动物隔离设备的技术指标及评价项目方法提出了具体要求,具体如下。

1. 非气密性动物隔离设备工作窗口断面所有位置的气流明显向内、无外逸,且从工作窗口吸入的气流应直接吸入笼具内后侧或左右侧下部的导流格栅内。

2. 手套箱式动物隔离设备去掉单只手套后,手套连接口处的气流均明显向内、无外逸。

3. 送风高效过滤器检漏、排风高效过滤器检漏,对于可进行扫描检漏测试的,进行扫描检漏测试;对于无法进行扫描检漏测试的,可选择效率法检漏测试。检测结果应符合:

a) 对于扫描检漏测试,被测过滤器滤芯及过滤器与安装边框连接处任意点局部透过率实测值不得超过 0.01%。

b) 对于效率法检漏测试,当时使用气溶胶光度计进行测试时,整体透过率实测值不得超过 0.01%;当使用离散粒子计数器进行测试时,置信度为 95% 的透过率实测值置信上限不得超过 0.01%。

如果动物隔离设备本身不具备排风高效过滤器检漏条件,应确保其排风密闭连接到可原位检漏消毒的高效过滤器排出。

4. 非气密性负压动物笼具正常运行时,笼具内应有不低于房间 20Pa 负压,应在明显的地方安装压差计显示笼具内的负压;手套箱式负压动物笼具正常运行时,动物隔离设备内应有不低于房间 50Pa 负压,应在明显的地方安装压差计显示笼具内的负压。

5. 工作气密性检测结果应符合动物隔离设备内压力低于周边环境压

力 250Pa 下的小时漏泄率不大于净容积的 0.25%。

5.4.2　二级屏障

5.4.2.1　技术指标

生物安全核心实验室二级屏障的主要技术指标如表 5-6 所示。

表 5-6　生物安全主实验室二级屏障的主要技术指标

级别	相对于大气的最小负压	与室外方向上相邻相遇房间的最小负压差/Pa	洁净度级别	最小换气次数/(次/h)	温度/℃	相对湿度/%	噪声/dB(A)	平均照度/lx	维护结构严密性（包括主实验室及相邻缓冲间）
BSL—1 或 ABSL—1	—	—	—	可开窗	18～28	≤70	≤60	200	—
BSL—2 或 ABSL—2 中的 a 类和 b1 类	—	—	—	可开窗	18～27	30～70	≤60	300	—
ABSL—2 中的 b2 类	—30	—10	8	12	18～27	30～70	≤60	300	
BSL—3 中的 a 类	—30	—10							所有缝隙应无可泄漏
BSL—3 中的 b1 类	—40	—15							
ABSL—2 中的 a 类和 b1 类	—60	—15	7 或 8	15 或 12	18～25	30～70	≤60	300	
ABSL—3 中的 b2 类	—80	—25							房间相对负压值维持在—250Pa 时，房间内每小时泄漏的空气量不应超过受测房间净容积的 10%
BSL—4	—60	—25							

续表

级别	相对于大气的最小负压	与室外方向上相邻遇房间的最小负压差/Pa	洁净度级别	最小换气次数/（次/h）	温度/℃	相对湿度/%	噪声/dB(A)	平均照度/lx	维护结构严密性（包括主实验室及相邻缓冲间）
ABSL－4	－100	－25							房间相对负压值达到－500Pa时，经20min自然衰减后，其相对负压值不应高于－250Pa

注：1. 三级和四级动物生物安全实验室的解剖间应比主实验室低10Pa。

2. 本表中的噪声不包括生物安全柜、动物隔离设备等的噪声，当包括生物安全柜、动物隔离设备的噪声时，最大不应超过68 dB(A)。

3. 动物生物安全实验室内的参数尚应符合现行国家标准《实验动物设施建筑技术规范》GB 50447的有关规定。

《实验室生物安全认可准则（CNAS－CL05）》（以下简称《认可准则》）针对ABSL－1生物实验室的安全设施进行了相关规定，主要要求如下。

①动物饲养间应与建筑物内的其他区域隔离。

②动物饲养间的门应有可视窗，向里开；打开的门应能够自动关闭，需要时，可以锁上。

③动物饲养间的工作表面应防水和易于消毒灭菌。

④不宜安装窗户。如果安装窗户，所有窗户应密闭；需要时，窗户外部应装防护网。

⑤围护结构的强度应与所饲养的动物种类相适应。

⑥应可以对动物笼具清洗和消毒灭菌。

⑦应设置实验动物饲养笼具或护栏，除考虑安全要求外还应考虑对动物福利的要求。

⑧动物尸体及相关废物的处置设施和设备应符合国家相关规定的要求。

⑨如果有地面液体收集系统,应设防液体回流装置,存水弯应有足够的深度。

⑩应设置洗手池或手部清洁装置,宜设置在出口处。

⑪不得循环使用动物实验室排出的空气。

⑫宜将动物饲养间的室内气压控制为负压。

⑬对配套的暖通空调设施的要求主要体现在"不得循环使用动物实验室排出的空气"和"宜将动物饲养间的室内气压控制为负压"两点。

ABSL-2生物安全实验室除满足 ABSL-1生物安全实验室的要求(适用时)以外,平面布局及配套设施方面还应满足如下要求。

①动物饲养间应在出入口处设置缓冲间。

②应设置非手动洗手池或手部清洁装置,宜设置在出口处。

③应在邻近区域配备高压蒸汽灭菌器。

④污水(包括污物)应消毒灭菌处理,并应对消毒灭菌效果进行监测,以确保达到排放要求。

《认可准则》对配套暖通空调设施的要求,特别是排风的要求也更为严格,具体如下。

①适用时,应在安全隔离装置内从事可能产生有害气溶胶的活动;排气应经 HEPA 过滤器的过滤后排出。

②应将动物饲养间的室内气压控制为负压,气体应直接排放到其所在的建筑物外。

③应根据风险评估的结果,确定是否需要使用 HEPA 过滤器过滤动物饲养间排出的气体。

④实验室的外部排风口应至少高出本实验室所在建筑的顶部 2m,应有防风、防雨、防鼠、防虫设计,但不应影响气体向上空排放。

ABSL-3生物安全实验室除满足 ABSL-2生物安全实验室的要求(适用时)以外,《认可准则》对平面布局(动物饲养间及实验室防护区)提出了更加严格的要求。

①动物饲养间的缓冲间应为气锁,并具备对动物饲养间的防护服或传递物品的表面进行消毒灭菌的条件。

②动物饲养间应尽可能设在整个实验室的中心部位,不应直接与其他公共区域相邻。

③应在实验室防护区内设淋浴间,需要时,应设置强制淋浴装置。

④实验室的防护区应至少包括淋浴间、防护服更换间、缓冲间及核心工作间。当不能有效利用安全隔离装置饲养动物时,应根据进一步的风险评估确定实验室的生物安全防护要求。

针对 ABSL－3 生物安全实验室,《认可准则》还加强了对消毒灭菌要求,具体如下。

①动物饲养间内应配备便携式局部消毒灭菌装置(如消毒喷雾器等),并应备有足够的适用消毒灭菌剂。

②应有装置和技术对动物尸体和废物进行可靠消毒灭菌。

③应有装置和技术对动物笼具进行清洁和可靠消毒灭菌。

④需要时,应有装置和技术对所有物品或其包装的表面在运出动物饲养间前进行清洁和可靠消毒灭菌。

⑤应在风险评估的基础上,适当处理防护区内淋浴间的污水,并应对灭菌效果进行监测,以确保达到排放要求。

针对暖通空调系统,ABSL－3 生物安全实验室提高了排风过滤的要求,并明确过滤器可进行原位消毒与检漏,同时,对于动物饲养间的压力梯度及围护结构气密性也提出了具体要求,这是前述低级别动物生物安全实验室中未提及的,具体如下。

①动物饲养间,应根据风险评估的结果,确定其排出的气体是否需要经过两级 HEPA 过滤器的过滤后排出。

②动物饲养间,应可以在原位对送风 HEPA 过滤器进行消毒灭

菌和检漏。

③动物饲养间的气压(负压)与室外大气压的压差值应不小于60Pa,与相邻区域的压差(负压)应不小于15Pa。

④动物饲养间的气压(负压)与室外大气压的压差值应不小于80Pa,与相邻区域的压差(负压)应不小于25Pa。

⑤动物饲养间及其缓冲间的气密性应达到在关闭受测房间所有通路并维持房间内的温度在设计范围上限的条件下,若使空气压力维持在250Pa时,房间内每小时泄漏的空气量应不超过受测房间净容积的10%。

5.4.2.2 典型平面布局

(1)ABSL-2生物安全实验室

图5-9是典型的 ABSL-2 生物安全实验室的平面布局。实验人员通过一更、二更(风淋)进入内部走廊再通过缓冲间进入核心实验区;物品通过外准备间的高压灭菌器、低温灭菌器等消毒灭菌装置进入内准备间,再经走廊、缓冲室传递至核心实验区,核心实验区内一般设置有生物安全柜、负压型 IVC 笼具、离心机、超低温冰箱等实验设备;实验污物经污物前室的高压灭菌器等消毒装置传递至污物后室,最终按要求进行污物处理,洁物和污物出入口的高压灭菌器是否分开设置由实验管理和经济条件共同

图5-9 ABSL-2生物安全实验典型平面布局示意

决定。该工艺布局是典型的单走廊布局,针对一些携带特殊病毒的实验动物,ABSL－2生物安全实验室也有双走廊布局,这取决于生物安全委员会等机构的风险评估,一般为提高面积的有效利用率,采用单走廊布局居多。另外,根据需要还可能设置动物接收与隔离检疫室,对进入核心实验室的动物进行检疫隔离。

(2)ABSL－3生物安全实验室

目前国内外ABSL－3生物安全实验室大致可分为"三区二通道"、"三区一通道"等形式,本书以"三区一通道"为例介绍ABSL－3生物安全实验室的平面布局,如图5-10所示。所谓的"三区"指的是清洁区、半污染区、防护区,各区之间设置缓冲间给予隔离,确保各区安全可靠。这种分区方式在传染病医院等医疗设施中也比较常见,其中防护区主要包括主实验室、解剖室等,防护区内的实验设备与ABSL－2大同小异,一般设置有生物安全柜、负压型IVC笼具、换笼台、解剖台等,防护区一般还设置有安全通道和紧急出口,空调机房等设备机房也建议邻近防护区设置,主要是为了缩短送、排风管,降低污染风险,同时降低项目初投资。清洁区则主要包括清洁衣物更换间、洗消间、监控室、饲料垫料间等辅助功能房间。

①人流方向

进:通道→更衣(含淋浴)→缓冲(一缓)→内准备(半污染)→缓冲→核心实验区。

出:核心实验区→缓冲→内准备(半污染)→缓冲(一更)→更衣(含淋浴)→通道。

②物流方向

消毒准备→灭菌→内准备(半污染)→主实验室(污染)。

污染物品、实验后器械应置于耐用、防漏密闭的容器中,经高压灭菌后才可废弃。实验人员淋浴后一次性衣物,应装入密闭胶袋后,经传递窗到灭菌器中处理后废弃。

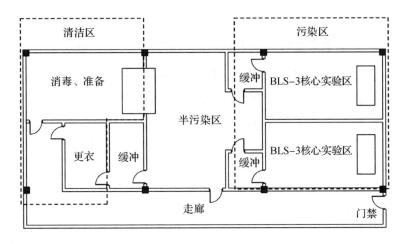

图 5-10　ABSL－3 生物安全实验"三区一通道"布局示意

　　除常规的人流和物流外，ABSL－3 生物安全实验室还要考虑动物、饲料、垫料等物品的进出。

　　"三区一通道"的形式布置，优点是可以减少污染源扩散空间，缺点是人、物双向进出，可能会造成交叉污染。

5.5　空调通风系统

（1）ABSL－2 生物安全实验室

　　ABSL－2 a 类和 b1 类生物安全实验室无明确净化要求，ABSL－2（b2 类）按 ISO 8 净化级别进行设计，一般地，在此类生物安全实验室中动物饲养间与核心工作间合并，因此环境的洁净度同时也要满足屏障设施 ISO 7 级的洁净度要求。温湿度一般也需同时兼顾生物安全实验室和屏障饲养环境的要求，两种要求就高不就低，前文介绍的空调冷热源方式应用于生物安全实验室时需特别注意，不同于病原微生物生物安全实验室，动物生物安全实验室要使用全直流的空调通风系统，因此带热回收的溶液调湿空调系统不适用,事实上,任何有直接接触的热回收空调方式都不适用,一般采用集中式水系统中央空调或者直膨式全新风空调,也有项目案例采用全新风溶液调湿空调机组,主要是利用溶液调湿装置的除湿加湿优势,但如没有能量回收功能,则此类机组的最大优势难以发挥。

ABSL-2(b2类)生物安全实验室送风经初效、中效及末端高效三级过滤,排风经高效过滤器过滤后排出,一般在房间排风口处设置高效过滤器,即采用高效排风口。值得一提的是,近几年建设的加强型 ABSL-2 生物安全实验室也借鉴了 ABSL-3 生物安全实验室的做法,如排出端另设BIBO 袋进袋出高效过滤器、采用在位检漏的高效排风口等,一般根据动物管理委员会或生物安全委员会的风险评估意见设置,这类加强做法有助于开展风险相对较高的实验活动,但是初投资与后续运营的增量成本相当大,建设方需根据自身需求全面权衡。

没有接触过生物安全实验室设计的同行往往有个错误的初印象,认为生物安全实验室仅仅是保持实验室环境的洁净,事实上,对于生物安全实验室来说,气流组织的设计也极为重要,定向流的气流组织能防止有害因子无序或逆向扩散,保证实验室完成防护功能,这一设计原则在高等级生物安全实验室的设计中也是一脉相承的。为实现实验室间的定向流,需按压差梯度计算送、排风量,让气流从外至内流向核心实验室区;在实验室内,送风口在远离生物安全柜、IVC 笼具、解剖台的位置设置,并建议呈"一"字形布置,排风口则布置在这些负压排风装置的下部,以形成"洁进污出"的理想气流组织。

对于 ABSL-2 生物安全实验室,除一定换气次数的全室排风以外,还要考虑几种负压排风装置的局部排风。一般地,若有多个核心实验室,这些局部排风可设置独立于全室排风的通风系统排除,风机前侧按需求设置高效过滤器即可,当系统较小时,也可并入生物安全实验室通风系统之中,为保证各末端通风阻力一致,局部排风接入全室高效排风之前也需设置高效过滤器。局部排风装置中多设置有高效过滤器,阻力较大,如生物安全柜阻力一般在500~800Pa,排风机侧若再设置高效过滤器,高效过滤器初阻力为250Pa,终阻力约为500Pa,再加之排风管系统的沿程阻力、局部阻力、微穿孔消声器、控制阀门的阻力等,ABSL-2生物安全实验室排风风机全压压力一般在1500Pa以上,空调送风机因为要考虑不同的功能段阻力、末端高效过滤器阻力等,全压一般也在1200Pa以上,也因为阻力变化大,所以一般选用风机性能曲线较陡的风机,可以适应较大的风压变化而保障风量相对稳定。此外,由于实验动物空调系统24h不间断运行的特征,对于动物生物安全实验室来说需要更加注重冗余设计,虽然规范并无强制要求,但空调送风机及排风机组建议考虑设置双风机,一用一备。

(2)ABSL-3生物安全实验室

ABSL-2生物安全实验室一般无特殊要求,其辅助功能区与核心防护区共用一套系统,而ABSL-3生物安全实验室为考虑实验对象的危害程度,防止不同区域的交叉污染,一般分区设置空调通风系统:清洁区(洗消准备间、更衣、淋浴等)设置一套独立的全新风空调系统+排风系统;半污染区及污染区(半污染区、缓冲室、ABSL-3核心实验室)设置一套独立的全新风空调系统+排风系统,各区之间的气流方向应保证由辅助工作区流向防护区。为保证长期稳定地维持相对压力梯度和定向流,送、排风机组均需设置备用,对于这类高保障性的实验室建议采用独立排风机组备用,有些实验室甚至排风机组再额外设置一组,形成两送三排的风机配置模式,最大程度保证实验室负压。

排风系统是ABSL-3生物安全实验室设计成败的关键,与二级生物安全实验室不同,三级生物安全实验室中采用CLASS ⅡB2全排型生物安全柜居多,任何时候都必须极尽可能地维持实验房间负压、维持生物安全柜相对实验房间负压,为做到这点,一般实验室房间排风和生物安全柜排风合并成一套排风系统。生物安全柜排风和房间排风分成两套系统,不仅增加两套备用排风机,而且控制复杂,对压力的控制反而不可靠。目前,ABSL－3 生物安全实验室的送、排风系统控制方式主要有定送变排、变送定排两种模式,不论何种控制模式,都需要注意全排型局部通风设备在开关状态切换时可能引起的压差逆转问题,总结下来大都是因为变风量阀门响应时间不及时、送排风阀门动作时序控制不佳。因此,在 ABSL－3 生物安全实验室中推荐采用响应时间小于 1s 的文丘里阀,响应时间控制在 2s 以内的蝶阀也可采用。

为防止生物安全柜门启闭造成房间压力波动变化,中国建筑科学研究院曹国庆研究员等人在《生物安全实验室设计与建设》一书中提出生物安全柜排风等量切换模式,即无论 CLASS Ⅱ B2 生物安全柜柜门是否开启,额外设置一个房间排风口与其关联切换,保证排风量恒定,可以很好地保持室内压力稳定,如图 5-11 所示。房间排风口的电动阀门与生物安全柜上的电动阀门并不是同时反向工作,而是先将关闭的阀门开启,待两个阀门均处于开启状态下,再关闭另一个阀门,这样避免阀门关闭过程中可能引起的瞬时负压排风量减小。

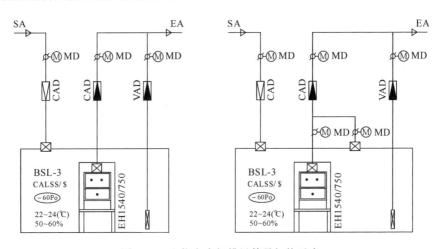

图 5-11　生物安全柜排风等量切换示意

实验室及辅助房间均采用下排风,考虑到生物安全防护的需要,

ABSL－3生物安全实验室室内排放口处至少设置一道高效过滤器,有特殊要求时设两级高效过滤器,而且《生物安全实验室建筑技术规范》还要求"防护区高效过滤器的位置与排风口的结构应易于对过滤器进行安全更换和检漏",具备原位消毒和检漏的高效过滤器一般为专用的生物安全型排风高效过滤装置,一般可分为管道式和风口式。

管道式排风高效过滤装置主要安装于实验室防护区外,通过排风管道与实验室相连。国内高等级生物安全实验室使用的管道式排风高效过滤器为袋进袋出高效单元(BIBO高效单元),BIBO高效单元是工厂制造的具有生物安全型HEPA及其附属配件的一套完整装置,BIBO高效单元上下游均安装生物型密闭阀。BIBO可以安装粗效过滤器、串联一级或两级HEPA,每级HEPA上游具备气溶胶注入口,下游具备手动或自动在线扫描效率监测连接机构,采用偏心压紧的方式对过滤器进行装卸,可以实时显示高效过滤器阻力。

风口式排风高效过滤装置主要安装于实验室围护结构上,风口式装置采用风口式箱体结构,由排风箱体与集中接口箱组成,两者之间通过无缝焊接技术完全气密隔离。排风箱体进口端设置HEPA过滤器,出口端设置生物型密闭阀,箱体内紧靠出风面安装有扫描检漏采用装置;集中接口箱则主要用于设有扫描驱动机构的电气接口、气体消毒接口、过滤器阻力下游检测口、扫描检漏取样口等。风口式排风高效过滤装置是我国自主研发的一种可以原位检漏和消毒的生物安全型高效空气过滤装置,相比于管道式排风高效过滤装置,体积大大减小,更加适用于我国国情,对安装空间要求不高。

实际工程中,某些三级生物安全室送风系统末端也采用可原位消毒、检漏的高效过滤单元BIBO。

根据前文所述,ABSL－3生物安全实验室根据危险程度分为辅助区(清洁区)与防护区。对于辅助区,其消防排烟做法与一般公共建筑相同,而对于生物安全防护区,《生物安全实验室建筑技术规范》明确要求不应设置机械排烟系统,且独立于其他建筑的三级生物安全实验室送风系统和排风系统可不设置防火阀。《高等级生物安全实验室暖通消防设计探讨》介绍了美国、加拿大、澳大利亚、英国、德国等高等级生物安全实验室的消防排烟设施,除德国外,其他地区均未设置机械排烟设施,北美地区(美国、加拿大)及澳大利亚地区采用密闭设施,即生物安全防护区设置 CO 气体检测系统和温感系统,发生火灾时采取声光报警措施,要求人员撤出,然后密闭着火区域直到燃尽,英国地区则在人员安全撤离后密闭着火区并采用气体灭火设施。通过以上分析,设计人员应意识到生物安全风险性一般高于火灾风险性,因此,即便是火灾时,高等级生物安全实验室防护核心区也不能轻易排风排烟。在具体项目设计时可根据实际情况借鉴北美地区的消防做法,但还应取得当地消防审查部门的许可。

5.6　空调通风系统控制原理

(1)ABSL－2 生物安全实验室

ABSL－2 空调通风系统控制原理如图 5-12 所示。

ABSL－2 生物安全实验室自控系统的控制要求具体如下。

①监测:房间内设置温度、湿度、压力传感器;监测送、排风系统的温度、湿度、压力参数;监测所有空调通风系统送、排风设备的运行状态;有过滤器均设有超压报警装置(粗效过滤器压差大于 100Pa 时报警,中效过滤器压差大于 160Pa 时报警,高效过滤器压差大于 350Pa 时报警);变频器故障报警;所有信号反馈至监控中心;严寒及寒冷地区等还应包括热水盘管后防冻开关报警。

②温、湿度控制:除湿模式,室内湿度采用串级控制模式,即以排风相对湿度传感器实测值重置表冷器下游空气的露点温度设定值,控制调节表

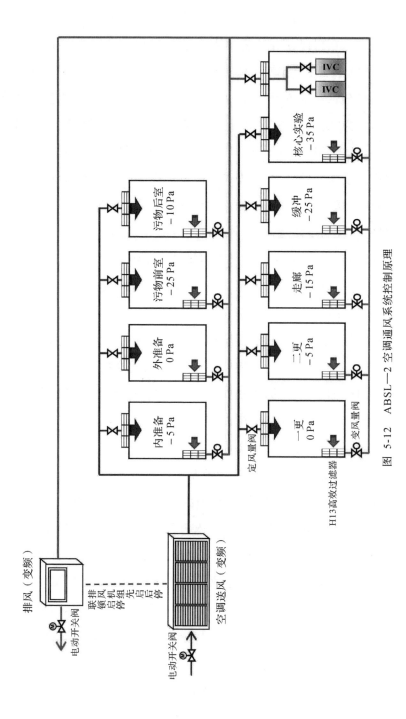

图 5-12 ABSL—2 空调通风系统控制原理

冷器的电动两通调节阀,实现对露点温度的控制,根据排风温度的实测值调节空调机组内的再热段,对室内温度进行控制;加湿模式,通过送风湿度设定值与送风湿度传感器实测值进行比较,控制加湿阀开度。

③压力控制:对于 ABSL－2 生物安全实验室,生物安全柜绝大多数为内循环型,多为"定送变排"的风量控制模式。送风管道设置定风量阀,保证各功能分区送风量恒定不变,负压解剖台、IVC 笼具的排风设置定风量阀,全室排风设置变风量阀,根据各房间及上级区域的压差调节排风量,保证房间的压力梯度。送风机及排风机设置变频器,根据总送风管、排风管的压力传感器控制空调送风机、排风机的频率,满足风量调节要求。

④联锁控制:空调系统的送风机与排风机联锁,排风机先启后停,负压解剖台等局部排风装置的排风最先开启,最后停机。送、排风机的所有密闭阀与风机联锁启停。

⑤备用风机控制:备用风机能够自动切换,尤其必须保证排风机的连续切换。备用送风机能定时切换,以防出现瞬时切换抱死现象。

⑥电加热:如有电加热,电加热要求无风断电、超温断电保护装置,电加热器的金属风管要有接地设施。

(2)ABSL－3 生物安全实验室

ABSL－3 清洁区空调通风系统控制原理如图 5-13 所示。

ABSL－3 污染区及半污染区空调通风系统控制原理如图 5-14 所示。

①监测:房间内设置温度、湿度、压力传感器;监测送、排风系统的温度、湿度、压力参数;监测所有空调通风系统送、排风设备的运行状态;有过滤器均设有超压报警装置(粗效过滤器压差大于 100Pa 时报警,中效过滤器压差大于 160Pa 时报警,高效过滤器压差大于 350Pa 时报警);变频器故障报警;所有电动阀信号反馈至监控中心;严寒及寒冷地区等还应包括热水盘管后防冻开关报警。

②温、湿度控制:除湿模式,室内湿度采用串级控制模式,即以排风相

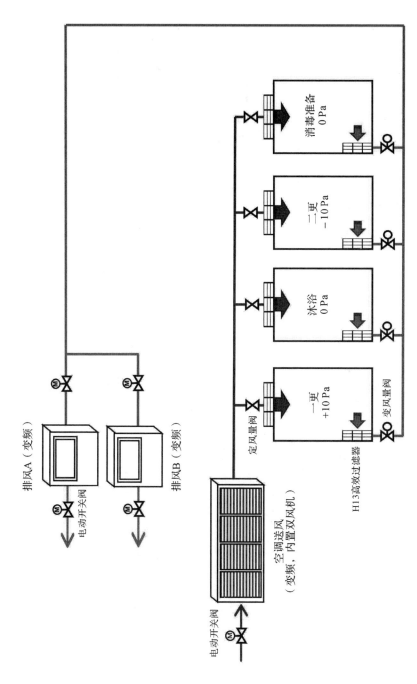

图 5-13　ABSL—3 清洁区空调通风系统控制原理

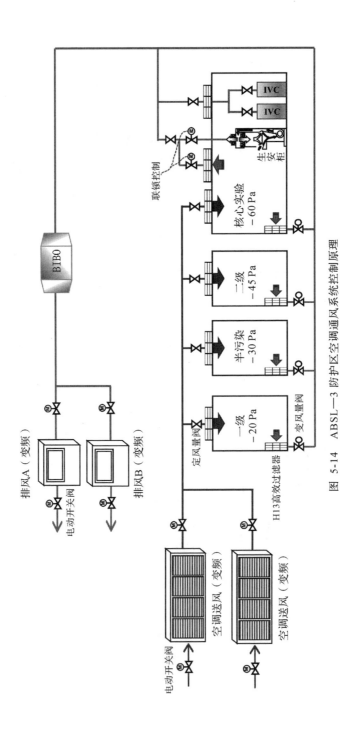

图 5-14 ABSL—3 防护区空调通风系统控制原理

对湿度传感器实测值重置表冷器下游空气的露点温度设定值,控制调节表冷器的电动两通调节阀,实现对露点温度的控制,根据排风温度的实测值调节空调机组内的再热段,对室内温度进行控制;加湿模式,通过送风湿度设定值与送风湿度传感器实测值进行比较,控制加湿阀开度。

③"定送变排"压力控制:送风管道设置定风量阀,保证各功能分区送风量恒定不变,生物安全柜、负压解剖台、IVC笼具的排风设置定风量阀,全室排风设置变风量阀,根据各房间及上级区域的压差调节排风量,保证房间的压力梯度。送风机及排风机设置变频器,根据总送风管、排风管的压力传感器控制空调送风机、排风机的频率,满足风量调节要求。

④联锁控制:空调系统的送风机与排风机联锁,排风机先启后停,生安柜、负压解剖台等局部排风装置的排风最先开启,最后停机。送、排风机的所有密闭阀与风机联锁启停。

⑤备用风机控制:备用风机能够自动切换,尤其必须保证排风机的连续切换。备用送风机能定时切换,以防出现瞬时切换抱死现象。

⑥电加热:如有电加热,电加热要求无风断电、超温断电保护装置,电加热器的金属风管要有接地设施。

参考文献

[1] 曹国庆,唐江山,王栋,等.生物安全实验室设计与建设[M].北京:中国建筑工业出版社,2019.

[2] 马春峰,郭振东,汤文庭.动物生物安全实验室常见生物危害及控制措施[J].畜牧与兽医,2019,51(9):119-124.

[3] 倪晓平,邢玉斌,索继江,等.医疗机构中微生物气溶胶的特性与作用[J].中华医院感染学杂志,2020,30(8):1183-1190.

[4] 于玺华,邢玉斌.生物医学洁净技术讲座 微生物气溶胶的特征[J].洁净与空调技术,2002(3):59-60.

［5］周永运,王荣,翟培军,等.实验动物与生物安全研究进展［J］.畜牧兽
    医科技信息,2015(12):4-6.

［6］中国合格评定国家认可中心.生物安全实验室认可与管理基础知识
    生物安全三级实验室标准化管理指南［M］.北京:中国标准出版
    社,2012.

附录 A 实验动物许可证管理办法(试行)

第一章 总 则

第一条 根据《实验动物管理条例》(中华人民共和国国家科学技术委员会令第 2 号,1988)及有关规定,为加强实验动物管理,保障科研工作需要,提高科学研究水平,特制定本办法。

第二条 本办法适用于在中华人民共和国境内从事与实验动物工作有关的组织和个人。

第三条 实验动物许可证包括实验动物生产许可证和实验动物使用许可证。

实验动物生产许可证,适用于从事实验动物及相关产品保种、繁育、生产、供应、运输及有关商业性经营的组织和个人。实验动物使用许可证适用于实验动物及相关产品进行科学研究的组织和个人。

许可证由各省、自治区、直辖市科技厅(科委)印制、发放和管理。

同一许可证分正本和副本,正本和副本具有同等法律效力。

第四条 有条件的省、自治区、直辖市应建立省级实验动物质量检测机构,负责检测实验动物生产和使用单位的实验动物质量及相关条件,为许可证的管理提供技术保证。

省级实验动物质量检测机构的认证按照《实验动物质量管理办法》(国科发财字〔1997〕593 号)的有关规定进行办理,并按照《中华人民共和国计量法》的有关规定,通过计量认证。

省级实验动物质量检测机构出具的检测报告全国有效。

尚未建立省级实验动物检测机构的省、自治区、直辖市,应委托其他省级实验动物质量检测机构负责实验质量及相关条件的检测,且必须由委托方和受委托方两省、自治区、直辖市科技厅(科委)签订协议,并报科技部备案。

第二章　申请

第五条　申请实验动物生产许可证的组织和个人,必须具备下列条件:

1. 实验动物种子来源于国家实验动物保种中心或国家认可的种源单位,遗传背景清楚,质量符合现行的国家标准;

2. 具有保证实验动物及相关产品质量的饲养、繁育、生产环境设施及检测手段;

3. 使用的实验动物饲料、垫料及饮水等符合国家标准及相关要求;

4. 具有保证正常生产和保证动物质量的专业技术人员、熟练技术工人及检测人员;

5. 具有健全有效的质量管理制度;

6. 生产的实验动物质量符合国家标准;

7. 法律、法规规定的其他条件。

第六条　申请实验动物使用许可证的组织和个人,必须具备下列条件:

1. 使用的实验动物及相关产品必须来自有实验动物生产许可证的单位,质量合格;

2. 实验动物饲育环境及设施符合国家标准;

3. 使用的实验动物饲料符合国家标准;

4.有经过专业培训的实验动物饲养和动物实验人员;

5.具有健全有效的管理制度;

6.法律、法规规定的其他条件。

第七条　申请实验动物生产或使用许可证的组织和个人向其所在的省、自治区、直辖市科技厅(科委)提交实验动物生产许可证申请书(附件1)或实验动物使用许可证申请书(附件2),并附上由省级实验动物检测机构出具的报告及相关材料。

第三章　审批和发放

第八条　省、自治区、直辖市科技厅(科委)负责受理许可证申请,并进行考核和审批。省、自治区、直辖市科技厅(科委)受理申请后,应组织专家组对申请单位的申请材料及实际情况进行审查和现场验收,出具专家组验收报告。对申请生产许可证的单位,其生产用的实验动物种子须按照《关于当前许可证发放过程中有关实验动物种子问题处理意见》进行确认。

省、自治区、直辖市科技厅(科委)在受理申请后的三个月内给出相应的评审结果。合格者由省、自治区、直辖市科技厅(科委)签发批准实验动物生产或使用许可证的文件,发许可证。

第九条　省、自治区、直辖市科技厅(科委)将有关材料(申请书及申请材料、专家组验收报告、批准文件)报送科技部及有关部门备案。

第十条　实验动物许可证采取全国统一的格式和编码方法(附件3、附件4)。

第四章　管理和监督

第十一条　凡取得实验动物生产许可证的单位,应严格按照国家有关实验动物的质量标准进行生产和质量控制,在出售实验动物时应提供实验动物质量合格证(附件5),并附符合标准规定的近期实验动物质量检测报告。实验动物质量合格证内容应该包括生产单位、生产许可证编号、动物品种系、动物质量等级、动物规格、动物数量、最近一次的质量检测日期、质量检测单位、质量负责人签字,使用单位名称、用途等。

第十二条　许可证的有效期为五年,到期重新审查发证。换领许可证的单位须在有效期满前六个月内向所在省、自治区、直辖市科技厅(科委)提出申请。省、自治区、直辖市科技厅(科委、局)按照对初次申请单位同样的程序进行重新审核办理。

第十三条　具有实验动物使用许可证的单位在接受外单位委托的动物实验时,双方应签署协议书,使用许可证复印件必须与协议书一并使用,方可作为实验结论合法性的有效文件。

第十四条　实验动物许可证不得转借、转让、出租给他人使用,取得实验动物生产许可证的单位也不得代售无许可证单位生产的动物及相关产品。

第十五条　取得实验动物许可证的单位,需变更许可证登记事项,应提前一个月向原发证机关提出申请,如果申请变更适用范围,按本规定第八条～第十三条办理。进行改、扩建的设施,视情况按新设施或变更登记事项办理。停止从事许可范围工作的,应在停止后一个月内交回许可证。许可证遗失的应及时报失补领。

第十六条　许可证实行年检管理制度。年检不合格的单位,由省(市、自治区)科技厅(科委)吊销其许可证,并报科技部及有关部门备案,予以公告。

第十七条　未取得实验动物生产许可证的单位不得从事实验动物生产、经营活动。未取得实验动物使用许可证的研究单位,或者使用的实验动物及相关产品来自未取得生产许可证的单位或质量不合格的,所进行的动物实验结果不予承认。

第十八条　已取得实验动物许可证的单位,违反本办法第十四条规定或生产、使用不合格的动物,一经核实,发证机关有权收回其许可证,并予公告。情节恶劣、造成严重后果的,依法追究行政责任和法律责任。

第十九条　许可证发放机关及其工作人员必须严格遵守《实验动物管理条例》及有关规定等以及本办法的规定。

第五章　附　则

第二十条　军队系统关于本许可证的印制、发放与管理工作,参照本办法由军队主管部门执行。

第二十一条　各部门和地方可根据行业或地方特点制定相应的管理实施细则,并报科技部备案。

第二十二条　本办法由科学技术部负责解释。

第二十三条　本办法自二〇〇二年一月一日起实施。

附录B 地级市以上城市可吸入颗粒物／总悬浮颗粒物年平均浓度

城市代码	城市名称	PM 10/TSP 年均浓度（mg/m³）					
		2007	2008	2009	2010	2011	平均
110000	北京	0.148	0.123	0.121	0.121	0.113	0.125
120000	天津	0.094	0.088	0.101/ 0.207	0.096	0.093	0.094/ 0.207
	河北省	—					
130100	石家庄	0.128	0.116	0.104	0.098	0.099	0.109
130200	唐山	0.094	0.082	0.077	0.085	0.081	0.084
130300	秦皇岛	0.08	0.071	0.067	0.064	0.063	0.069
130400	邯郸	0.104	0.101	0.102	0.09	0.089	0.097
130500	邢台			0.083	0.082	0.081	0.082
130600	保定	0.106	0.085	0.088	0.084	0.083	0.089
130700	张家口	—	—	0.062	0.07	0.069	0.067
130800	承德	—	—	0.059	0.053	0.053	0.055
130900	沧州	—	—	0.086	0.078	0.073	0.079
131000	廊坊	—	—	0.081	0.078	0.076	0.078
131100	衡水	—	—	0.088	0.074	0.081	0.081
	山西省	—	—	—	—	—	—
140100	太原	0.124	0.094	0.106	0.089	0.084	0.099
140200	大同	0.11	0.101	0.077	0.075	0.072	0.087

续表

城市代码	城市名称	PM 10/TSP 年均浓度（mg/m³）					
		2007	2008	2009	2010	2011	平均
140300	阳泉	0.086	0.071	0.072	0.078	0.082	0.078
140400	长治	0.106	0.09	0.076	0.083	0.078	0.087
140500	晋城	—	—	0.069	0.067	0.062	0.066
140600	朔州	—	—	0.073	0.075	0.065	0.071
140700	晋中	—	—	0.08	0.07	0.065	0.072
140800	运城	—	—	0.072	0.075	0.072	0.073
140900	忻州	—	—	0.062	0.061	0.057	0.060
141000	临汾	0.113	0.085	0.085	0.084	0.084	0.090

附录 C　常见消毒灭菌方法

1. 物理消毒

物理消毒灭菌方法主要包括湿热灭菌法、干热灭菌法、辐射杀菌法等。

压力蒸汽灭菌是典型的湿热灭菌,其适用于耐热、耐湿诊疗器械、器具和物品的消毒。下排气压力蒸汽灭菌还适用于液体的灭菌,快速压力蒸汽灭菌适用于裸露的耐热、耐湿诊疗器械、器具和物品的灭菌。压力蒸汽灭菌不适用于油类和粉剂的灭菌。灭菌参数一般为 121℃,压力 102.9kPa,器械灭菌时间 20min,敷料灭菌时间 30min。

干热灭菌的原理是热力通过空气对流和介质传导进行灭菌,通常采用干热灭菌器进行,灭菌参数一般为:150℃,150min;160℃,120min;170℃,60min;180℃,30min。干热灭菌适用于耐热、不耐湿、蒸汽或气体不能穿透物品的灭菌,如玻璃、金属等医疗用品和油类、粉剂等制品的消毒。

紫外线照射是典型的辐射杀菌法,波长在 200～300nm 的紫外光均有灭菌杀菌作用,其可以干扰 DNA 的复制和转录,导致细菌突变或死亡,适用于对室内空气和物体表面的消毒。安装紫外线灯的数量为平均 $\geqslant 1.5 \text{W/m}^3$,照射时间 $\geqslant 30\text{min}$,紫外线直接照射消毒空气时,关闭门窗,保持消毒空间内环境清洁、干燥。消毒空气的适宜温度为 20～40℃,相对湿度低于 80%。

2.化学消毒

化学消毒剂种类繁多,目前市场上可见的化学消毒剂多达几十种,杀菌原理也有差异,其一是使微生物蛋白质变性与凝固,如醇类、酚类、重金属等消毒剂,其二是干扰微生物酶系统和代谢,如高锰酸钾、过氧化氢等可使酶－SH 基氧化为－S－S－基,从而失去活性,其三是损伤细菌的细胞膜,引起渗透性改变,从而导致细菌死亡。《医疗机构消毒技术规范》WS/T367 列举了常见化学消毒剂的消毒方法、适用范围、注意事项等。

（1）含氯消毒剂

含氯消毒剂属高效消毒剂,具有广谱、高效、低毒、有强烈的刺激性气味、对金属有腐蚀性、对织物有漂白作用,受有机物影响很大,消毒液不稳定等特点。常用的含氯消毒剂有以下几种。①液氯,含氯量＞99.5％(W/W)。②漂白粉,含有效氯 25％(W/W)。③漂白粉精,含有效氯 80％(W/W)。④三合二,含有效氯 56％(W/W)。⑤次氯酸钠,工业制备的含有效氯 10％(W/W)。⑥二氯异氰尿酸钠,含有效氯 60％(W/W)。⑦三氯异氰尿酸,含有效氯 85％～90％ W/W)。⑧氯化磷酸三钠,含有效氯 2.6％(W/W)。

含氯消毒剂可用于被污染物品的浸泡消毒,表面擦拭消毒,室内空气的熏蒸消毒,饮用水、污水的净化消毒,环境及疫源地的喷洒消毒。

（2）过氧化物消毒剂

过氧化物消毒剂属高效消毒剂,杀菌力强、杀菌谱广,高效,速效,低温下仍可保持良效,分解产物无害无残留毒性,工艺方便,价格便宜,但是其易分解,不稳定,对物品有腐蚀漂白作用,有刺激性气味。常用的过氧化物类的消毒剂有过氧化氢、过氧乙酸、二氧化氯等。过氧化物可用于玻璃、塑料、搪瓷、不锈钢、化纤等耐腐蚀物品的消毒,也可消毒地面、污水、实验室空间。

（3）醛类消毒剂

醛类消毒剂主要包括甲醛、戊二醛等。

甲醛是一种高效消毒剂,作用谱广,对细菌繁殖体、芽孢、细菌和真菌具有杀灭作用,最适宜温度为 24～40℃,相对湿度为 65％以上,有刺激性和毒性,长期使用会造成皮肤上皮细胞死亡,易产生过敏反应,引起哮喘等。30％～40％的甲醛水溶液俗称福尔马林,具有防腐杀菌性能,可用于实验室内环境、用具、设备的消毒,尤其适用于疫源地芽孢的消毒。使用甲醛消毒、灭菌,必须在甲醛消毒、灭菌箱中进行,消毒灭菌箱必须有良好的甲醛定量加入和气化装置。甲醛消毒或灭菌箱必须有可靠的密闭性能,消毒、灭菌过程中,不得有甲醛气体漏出。具体操作可按说明书执行。

戊二醛属高效消毒剂,具有广谱、高效杀菌,对金属腐蚀性小,受有机物影响小等特点,其灭菌时间较长,一般需 10h,有一定的毒性,可引起支气管炎及肺气肿。经典的戊二醛常用灭菌浓度为 2％。增效的复方戊二醛也可使用卫生行政机构批准使用的浓度,适用于不耐热的医疗器械和精密仪器等的消毒与灭菌。

(4)醇类消毒剂

醇类消毒剂主要包括乙醇、异丙醇等。

乙醇属中效消毒剂,具有中效、速效、无毒、对皮肤黏膜有刺激性、对金属无腐蚀性,受有机物影响很大,易挥发、不稳定等特点。其含量为 95％(V/V)。适用于皮肤、环境表面及医疗器械的消毒等。乙醇易燃,忌明火,必须使用医用乙醇,严禁使用工业乙醇消毒和作为原材料配制消毒剂。

异丙醇属于中效消毒剂,70％的异丙醇用于浸泡、擦拭消毒,其溶解脂类的能力比乙醇要好,但是对眼、鼻、喉有轻微的刺激性。

(5)酚类消毒剂

酚类消毒剂有苯酚、甲酚、卤代苯酚等,一般属于中效消毒剂,主要用于墙面、地面、车辆、环境和器物的消毒,其性质稳定,在酸性介质中作用较强,但是有特殊气味,对皮肤有刺激作用,对动物毒性较强。

（6）含碘消毒剂

碘伏是典型的含碘消毒剂,属中效消毒剂,具有中效、速效、低毒,对皮肤黏膜无刺激并无黄染,对铜、铝、碳钢等二价金属有腐蚀性,受有机物影响很大,稳定性好等特点。适用于皮肤、黏膜等的消毒。碘伏应于阴凉处避光、防潮、密封保存。碘伏对二价金属制品有腐蚀性,不应做相应金属制品的消毒。消毒时,若存在有机物,应提高药物浓度或延长消毒时间。

（7）季铵盐类消毒剂

季铵盐类消毒剂包括单链季胺盐和双长链季胺盐两类,前者只能杀灭某些细菌繁殖体和亲脂病毒,属低效消毒剂,例如新洁尔灭;后者可杀灭多种微生物,包括细菌繁殖体,某些真菌和病毒。季铵盐类可与乙醇或异丙醇配成复方制剂,其杀菌效果明显增加。季铵盐类消毒剂的特点是对皮肤黏膜无刺激,毒性小,稳定性好,对消毒物品无损害等,因此适用于皮肤黏膜消毒、环境物品消毒等。

（8）胍类消毒剂

胍类消毒剂包括醋酸氯己定和葡萄糖酸氯己定和聚六亚甲基胍等,均属低效消毒剂,具有速效杀菌,对皮肤黏膜无刺激性、对金属和织物无腐蚀性,受有机物影响轻微,稳定性好等特点。适用于外科洗手消毒、手术部位皮肤消毒、黏膜消毒等。

在选择化学消毒剂时要考虑影响消毒剂效果的诸多因素。①消毒剂的性质:不同消毒剂的理化性质不同,对微生物的作用各异,有不同的消毒范围,因此应根据目标微生物选择相应的消毒剂。②消毒剂的浓度及作用时间:消毒剂要在特定的工作浓度下才能达到良好的消毒效果,在选择有效浓度时还应考虑对人畜安全且对设备无腐蚀的杀菌浓度。消毒剂接触微生物后要经过一定时间才能产生消毒作用,因此消毒后不要很快清洗。③温度:在一定范围内,温度升高可以增强消毒剂的消毒效果。④酸碱度:酸碱度可以改变消毒剂的溶解度、离解度和分子结构,而且过高或过低的酸碱度都有利于杀灭病原微生物。⑤有机物:有机物与消毒剂结合可减弱消毒剂的杀菌效能。对于痰、粪等的消毒,宜选用受有机物影响小的药物,如生石灰或漂白粉。

根据消毒因子的适当剂量(浓度)或强度和作用时间对微生物的杀灭能力,可将其分为四个作用水平的消毒方法。

①灭菌:可杀灭一切微生物(包括细菌芽孢)达到灭菌保证水平的方法。属于此类的方法有:热力灭菌、电离辐射灭菌、微波灭菌、等离子体灭菌等物理灭菌方法,以及用甲醛、戊二醛、环氧乙烷、过氧乙酸、过氧化氢等消毒剂进行灭菌的方法。

②高水平消毒法:可以杀灭各种微生物,对细菌芽孢杀灭达到消毒效果的方法。这类消毒方法应能杀灭一切细菌繁殖体(包括结核分枝杆菌)、病毒、真菌及其孢子和绝大多数细菌芽孢。属于此类的方法有:热力、电力辐射、微波和紫外线等以及用含氯、二氧化氯、过氧乙酸、过氧化氢、含溴消毒剂、臭氧、二溴海因等甲基乙内酰脲类化合物和一些复配的消毒剂等消毒因子进行消毒的方法。

③中水平消毒法:可以杀灭和去除细菌芽孢以外的各种病原微生物的消毒方法,包括超声波、碘类消毒剂(碘伏、碘酊等)、醇类、醇类和氯己定的复方,醇类和季铵盐(包括双链季铵盐)类化合物的复方、酚类等消毒剂进行消毒的方法。

④低水平消毒法:只能杀灭细菌繁殖体(分枝杆菌除外)和亲脂病毒的化学消毒剂和通风换气、冲洗等机械除菌法。如单链季铵盐类消毒剂(苯扎溴铵等)、双胍类消毒剂如氯己定、植物类消毒剂和汞、银、铜等金属离子消毒剂等进行消毒的方法。

实际操作中,可根据物品污染后的危害程度选择消毒与灭菌的方法。《消毒技术规范》(2002版)根据危害程度将医用污染物品分为以下三类。

①高度危险性物品:这类物品是穿过皮肤或黏膜而进入无菌的组织或

器官内部的器材,或与破损的组织、皮肤、黏膜密切接触的器材和用品,例如,手术器械和用品、穿刺针、输血器材、输液器材、注射的药物和液体、透析器、血液和血液制品、导尿管、膀胱镜、腹腔镜、脏器移植物和活体组织检查钳等。

②中度危险性物品:这类物品仅和破损皮肤、黏膜相接触,而不进入无菌的组织内。例如,呼吸机管道、胃肠道内窥镜、气管镜、麻醉机管道、子宫帽、避孕环、压舌板、喉镜、体温计等。

③低度危险性物品:虽有微生物污染,但在一般情况下无害,只有当受到一定量的病原微生物污染时才造成危害的物品。这类物品和器材仅直接或间接地和健康无损的皮肤相接触,包括生活卫生用品和病人、医护人员生活和工作环境中的物品。例如,毛巾、面盆、痰盂(杯)、地面、便器、餐具、茶具、墙面、桌面、床面、被褥、一般诊断用品(听诊器、听筒、血压计袖带等)等。

针对不同的危险性物品,消毒方法的选择原则如下。

①高度危险性物品,必须选用灭菌方法处理。

②中度危险性物品,一般情况下达到消毒即可,可选用中水平或高水平消毒法。但中度危险性物品的消毒要求并不相同,有些要求严格,例如内窥镜、体温计等必须达到高水平消毒,需采用高水平消毒法消毒。

③低度危险性物品,一般可用低水平消毒方法,或只作一般的清洁处理即可,仅在特殊情况下,才作特殊的消毒要求。例如,在有病原微生物污染时,必须针对所污染病原微生物的种类选用有效的消毒方法。

针对具体物品消毒,选择消毒方法时还需考虑保护消毒物品不受损坏以及使消毒方法易于发挥作用,因此,还应遵循以下基本原则。

①耐高温、耐湿度的物品和器材,应首选压力蒸汽灭菌;耐高温的玻璃器材、油剂类和干粉类等可选用干热灭菌。

②不耐热、不耐湿,以及贵重物品,可选择环氧乙烷或低温蒸汽甲醛气

体消毒、灭菌。

③器械的浸泡灭菌,应选择对金属基本无腐蚀性的消毒剂。

④选择表面消毒方法,应考虑表面性质,光滑表面可选择紫外线消毒器近距离照射,或液体消毒剂擦拭;多孔材料表面可采用喷雾消毒法。

附录 D　实验动物推荐饲养空间

表 1　常用的群体关养实验啮齿类动物的推荐空间要求条件*

动物名称	体重/g	地面面积 [平方厘米(平方英寸)][a]	笼底到笼顶高度 [厘米(英寸)]	注释
小鼠[b]	<10	38.7(6)	12.7(5)	1
	到 15	51.6(51.6)	12.7(5)	
	到 25	77.4(12)	12.7(5)	
	≥25	≥96.7(15)	12.7(5)	
雌小鼠+新生仔		330(51)	12.7(5)	2
大鼠[b]	<100	109.67(17)		
	到 200	148.37(23)	17.78(7)	1
	到 300	187.08(29)	17.78(7)	
	到 400	258.04(40)	17.78(7)	
	到 500	387.06(60)	17.78(7)	
	≥500	≥451.57(70)	17.78(7)	
雄大鼠+新生仔		800(124)	17.78(7)	2
动物名称	体重/g	地面面积 [平方厘米(平方英寸)][a]	笼底到笼顶高度 [厘米(英寸)]	注释
仓鼠[b]	≤60	64.51(10)	15.24(6)	1
	到 80	83.86(13)	15.24(6)	
	到 100	103.22(16)	15.24(6)	
	≥100	≥122.5(19)	15.24(6)	

续表

动物名称	体重/g	地面面积 [平方厘米(平方英寸)]ᵃ	笼底到笼顶高度 [厘米(英寸)]	注释
豚鼠ᵇ	≤350	387.06(60)	17.78(7)	2
	350	≥651.55(101)	17.78(7)	

注:* 应参照上文所描述的性能指数阅读本表。

a—如需单独关养或小群体饲养的动物,每个动物所需的平均空间需要适当增加。

b—需要考虑各品种或品系动物的生长特征和性别。应该考虑到未来动物体重的增加可能非常快,所以需要为动物提供更大的空间。此外青年啮齿类会非常活跃,展示出较高的游戏行为。

1—个体大的动物可能需要更多的空间以满足标准。

2—其他繁殖群结构可能需要更多的空间,也需要考虑成年动物的数量、产仔数和幼仔的年龄。需要考虑剔除弱仔、及时分笼等更积极地管理空间的方式,以确保繁殖群的安全和动物福利。需要为繁殖群中母鼠和幼仔提供更大的空间直至断奶,以避免对母鼠和幼仔产生不利的影响。

表2 兔、猫和犬的推荐空间要求条件*

动物名称	体重ᵃ/kg	地面面积ᵇ [平方米(平方英尺)]	高度 [厘米(英寸)]ᶜ	注释
兔	<2	0.14(1.5)	40.6(16)	大兔子可能需要更高的空间以满足其站立需要
	到4	0.28(3.0)	40.6(16)	
	到5.4	0.37(4.0)	40.6(16)	
	≥5.4ᶜ	≥0.46(5.0)	40.6(16)	
猫	≤4	0.28(3.0)	60.8(24)	猫类更喜欢关养区中有栖木结构,需要更大的空间
	>4ᵈ	≥0.37(4.0)	60.8(24)	
犬ᵉ	<15	0.74(8.0)	____ᶠ	笼具高度应满足犬类舒适站立需要
	到30	1.2(12.0)	____ᶠ	
	>30ᵈ	2.4(24.0)	____ᶠ	

注:* 应参照上文所描述的性能指数阅读本表。

a—若需将千克换算成磅,可将数值乘以2.2。

b—若动物单独饲养,每个动物需要的空间值比推荐值要高。

c—笼底到笼顶的高度。

d—大一些的动物可能需要更多的空间来满足实施标准。

e—这些建议可根据不同犬类品种的体型作修改。有些犬类特别是到达体重上限的犬类，可能需要增加空间，以与《动物福利法》(AWA)相符。这些法规(USDA,1985)要求每个笼具必须有足够的高度以使动物舒适地站立,最小笼底面积以犬的体长[从鼻尖到尾基 in(英尺)值加 6in(英尺)的算术平方再除以 144]。

f—良好的饲养场没有高度的限制,且需提供动物更多的活动自由度(如栅栏、围场或狗舍)。

表 3　禽类的推荐空间要求条件[*]

动物名称	体重[a]/kg	地面面积[b] [平方米(平方英尺)]	高度 [厘米(英寸)]
鸽子	—	0.07(0.8)	
鹌鹑	—	0.023(0.25)	
鸡	<0.25	0.023(0.25)	笼具必须有足够的高度 以使动物舒适地站立
	到 0.5	0.046(0.50)	
	到 1.5	0.093(1.00)	
	到 3.0	0.186(2.00)	
	>3.0[c]	≥0.279(3.00)	

注:[*]应参照上文所描述的性能指数阅读本表。

a—若需将千克换算成磅,可将数值乘以 2.2。

b—若动物单独饲养,每只动物需要的空间值比推荐值要高。

c—大一些的动物可能需要更多的空间来满足实施标准。

表 4　非人灵长类的推荐空间要求条件[*]

动物名称		体重[a]/kg	地面面积[b] [平方米 (平方英尺)]	高度[c] [厘米(英寸)]	注释
猴[d] (包括狒狒)	组 1	到 1.5	0.20(2.0)	76.2(30)	笼具必须有足够的高度以使动物舒适地站立。狒狒,赤猴,长尾猴,卷尾猴和其他长臂猿要求的高度可能高于其他猴类。对于许多热带和乔木带的猴类来说,应考虑到整体笼具空间和栖木空间。对于长臂猿来说笼子高度应是当动物悬于笼顶完全伸展摆荡时,其足部不至于碰到笼底
	组 2	到 3.0	0.28(3.0)	76.2(30)	
	组 3	到 10	0.4(4.3)	76.2(30)	
	组 4	到 15	0.56(6.0)	81.3(32)	
	组 5	到 20	0.74(8.0)	91.4(36)	

201

续表

动物名称		体重^a/kg	地面面积^b [平方米 (平方英尺)]	高度^c [厘米(英寸)]	注释
猴^d (包括狒狒)	组6	到25	0.93(10)	116.8(46)	对于其他猿类和大型长臂猿类的长臂猿来说,笼子高度应是当动物悬于笼顶完全仰展摆荡时,其足部不至于碰到笼底。笼的设计应能增加悬体摆荡运动
	组7	到30	1.40(15)	116.8(46)	
	组8	>30^e	≥2.32(25)	152.4(60)	
黑猩猩	青年	<10	1.4(15)	152.4(60)	
	成年^f	>10	≥2.32(25)	213.4(84)	

注:* 应参照上文所描述的性能指数阅读本表。

a—若需将千克换算成磅,可将数值乘以2.2。

b—若动物单独饲养,每只动物需要的空间值比推荐值要高。

c—笼底到笼顶的高度。

d—包括绒猴、悬猴、猕猴和狒狒。

e—较大的动物可能需要更多的空间来满足实施标准。

f—类人猿体重超过50千克时,饲养在永久性的砖石、水泥和金属网隔板结构中,比常规笼更有效。

动物名称	动物数/关养区(栏)	体重^a/kg	地面面积^b[平方米(平方英尺)]
绵羊和山羊		>50^c	≥1.8(20.0)
	2~5	25	0.76(8.5)
		到50	1.12(12.5)
		>50^c	≥1.53(17.0)
	>5	<25	0.67(7.5)
		到50	1.02(11.3)
		>50^c	≥1.35(15.0)
猪	1	<15	0.72(8.0)
		到25	1.08(12.0)
		到50	1.35(15.0)
		到100	2.16(24)
		到200	4.32(48)

续表

动物名称	动物数/关养区(栏)	体重^a/kg	地面面积^b[平方米(平方英尺)]
猪		>200^c	≥5,4(60.0)
	2~5	<25	0.54(6.0)
		到50	0.9(10)
		到100	1.8(20.0)
		到200	3.6(40.0)
		>200^c	≥4.68(52.0)
	>5	<25	0.54(6.0)
		到50	0.81(9.0)
		到100	1.62(18.0)
		到200	3.24(36.0)
		>200^c	≥4.32(48.0)
牛	1	<75	2.16(24.0)
		到200	4.32(48.0)
		到350	6.48(72.0)
		到500	8.64(96.0)
		到650	11.16(124.0)
		>650^c	≥12.96(144)
	2~5	<75	1.8(20.0)
		到200	3.6(40.0)
		到350	5.4(60.0)
		到500	7.2(80.0)
		到650	9.45(105.0)
		>650^c	≥10.8(120)
	>5	<75	1.62(18.0)
		到200	3.24(36.0)
		到350	4.86(54.0)

续表

动物名称	动物数/关养区(栏)	体重 a/kg	地面面积ᵇ[平方米(平方英尺)]
牛		到 500	6.48(72.0)
		到 650	8.37(93.0)
		>650ᶜ	≥9.72(108)
小马	1~4	—	6.48(72.0)
	>4	≤200	5.4(60.0)
	>200ᶜ	≥6.48(72.0)	

注:* 应参照上文所描述的性能指数阅读本表。

a—若需将千克换算成磅,可将数值乘以 2.2。

b—地面需确保动物方便转身、自由移动,而不触及饲料罐和饮水器;动物可以方便地获得食物和淡水,并应提供足够的可容动物舒适安身的空间,且远离粪尿。

c—较大的动物可能需要更多的空间来满足实施标准。

附录 E 动物病原微生物实验活动生物安全要求细则（节选）

序号	动物病原微生物名称	危害程度分类	实验活动所需实验室生物安全级别						备注
			a 病原分离培养	b 动物感染实验	c 未经培养的感染性材料实验	d 灭活材料实验	f 运输包装分类		
1	口蹄疫病毒	第一类	BSL-3	ABSL-3	BSL-2	BSL-2	UN2900（仅培养物）	C 实验的感染性材料的处理要在 II 级生物安全柜中进行	
2	高致病性禽流感病毒	第一类	BSL-3	ABSL-3	BSL-2	BSL-2	UN2814（仅培养物）	C 实验的感染性材料的处理要在 II 级生物安全柜中进行	
3	猪水泡病病毒	第一类	BSL-3	ABSL-3	BSL-2	BSL-2	UN2900（仅培养物）	C 实验的感染性材料的处理要在 II 级生物安全柜中进行	
4	非洲猪瘟病毒	第一类	BSL-3	ABSL-3	BSL-3	BSL-3	UN2900		
5	非洲马瘟病毒	第一类	BSL-3	ABSL-3	BSL-3	BSL-3	UN2900		
6	牛瘟病毒	第一类	BSL-3	ABSL-3	BSL-3	BSL-3	UN2900		

续表

序号	动物病原微生物名称	危害程度分类	实验活动所需实验室生物安全级别					f 运输包装分类	备注
			a 病原分离培养	b 动物感染实验	c 未经培养的感染性材料实验	d 灭活材料实验			
7	小反刍兽疫病毒	第一类	BSL-3	ABSL-3	BSL-3	BSL-3	UN2900	
8	牛传染性胸膜肺炎丝状支原体	第一类	BSL-3	ABSL-3	BSL-3	BSL-3	UN2900	
9	牛海绵状脑病病原	第一类	BSL-3	ABSL-3	BSL-3	BSL-3	UN3373	
10	痒病病原	第一类	BSL-3	ABSL-3	BSL-3	BSL-3	UN3373	
11	猪瘟病毒	第二类	BSL-3	ABSL-3	BSL-2	BSL-2	UN2900（仅培养物）	
12	鸡新城疫病毒	第二类	BSL-3	ABSL-3	BSL-2	BSL-2	UN2900（仅培养物）	
13	狂犬病毒	第二类	BSL-3	ABSL-3	BSL-3	BSL-2	UN2814（仅培养物）	
14	绵羊痘/山羊痘病毒	第二类	BSL-3	ABSL-3	BSL-2	BSL-2	UN2900（仅培养物）	
15	蓝舌病病毒	第二类	BSL-3	ABSL-3	BSL-2	BSL-2	UN2900（仅培养物）	
16	兔病毒性出血症病毒	第二类	BSL-3	ABSL-3	BSL-2	BSL-2	UN2900（仅培养物）	

续表

序号	动物病原微生物名称	危害程度分类	实验活动所需实验室生物安全级别				f 运输包装分类	备注
			a 病原分离培养	b 动物感染实验	c 未经培养的感染性材料实验	d 灭活材料实验		
17	炭疽芽孢杆菌	第三类	BSL-3	ABSL-3	BSL-3	BSL-2	UN2814(仅培养物)	
18	布氏杆菌	第三类	BSL-3	ABSL-3	BSL-2	BSL-2	UN2814(仅培养物)	
19	低致病性流感病毒	第三类	BSL-2	ABSL-2	BSL-2	BSL-1	UN3373	
20	伪狂犬病病毒	第三类	BSL-2	ABSL-2	BSL-2	BSL-1	UN3373	
21	破伤风梭菌	第三类	BSL-2	ABSL-2	BSL-2	BSL-1	UN3373(仅培养物)	
22	气肿疽梭菌	第三类	BSL-2	ABSL-2	BSL-2	BSL-1	UN2900(仅培养物)	
23	结核分支杆菌	第三类	BSL-3	ABSL-3	BSL-2	BSL-1	UN2814(仅培养物)	C 实验的感染性材料处理要在II级生物安全柜中进行
24	副结核分支杆菌	第三类	BSL-2	ABSL-2	BSL-1	BSL-1	UN3373	
25	致病性大肠杆菌	第三类	BSL-2	ABSL-2	BSL-1	BSL-1	UN2814(仅培养物)	

续表

序号	动物病原微生物名称	危害程度分类	实验活动所需实验室生物安全级别				f 运输包装分类	备注
			a 病原分离培养	b 动物感染实验	c 未经培养的感染性材料实验	d 灭活材料实验		
26	沙门氏菌	第三类	BSL-2	ABSL-2	BSL-1	BSL-1	UN3373（仅培养物）	
27	巴氏杆菌	第三类	BSL-2	ABSL-2	BSL-1	BSL-1	UN3373	
28	致病性链球菌	第三类	BSL-2	ABSL-2	BSL-2	BSL-1	UN2814（仅培养物）	
29	李氏杆菌	第三类	BSL-2	ABSL-2	BSL-2	BSL-1	UN2814（仅培养物）	
30	产气荚膜梭菌	第三类	BSL-2	ABSL-2	BSL-1	BSL-1	UN3373	
31	嗜水气单胞菌	第三类	BSL-2	ABSL-2	BSL-1	BSL-1	UN3373	
32	肉毒梭状芽孢杆菌	第三类	BSL-2	ABSL-2	BSL-2	BSL-1	UN2814（仅培养物）	
33	腐败梭菌和其他致病性梭菌	第三类	BSL-2	ABSL-2	BSL-1	BSL-1	UN3373	
34	鹦鹉热衣原体	第三类	BSL-2	ABSL-2	BSL-2	BSL-1	UN2814	
35	放线菌	第三类	BSL-2	ABSL-2	BSL-1	BSL-1	UN3373	
36	钩端螺旋体	第三类	BSL-2	ABSL-2	BSL-1	BSL-1	UN3373（仅培养物）	

续表

序号	动物病原微生物名称	危害程度分类	实验活动所需实验室生物安全级别					备注
			a 病原分离培养	b 动物感染实验	c 未经培养的感染性材料实验	d 灭活材料实验	f 运输包装分类	
37	牛恶性卡他热病毒	第三类	BSL-2	ABSL-2	BSL-2	BSL-1	UN3373	
38	牛白血病病毒	第三类	BSL-2	ABSL-2	BSL-2	BSL-1	UN3373	
39	牛流行热病毒	第三类	BSL-2	ABSL-2	BSL-2	BSL-1	UN3373	
40	牛传染性鼻气管炎病毒	第三类	BSL-2	ABSL-2	BSL-2	BSL-1	UN3373	
41	牛病毒腹泻/粘膜病病毒	第三类	BSL-2	ABSL-2	BSL-2	BSL-1	UN3373	
42	牛生殖器弯曲杆菌	第三类	BSL-2	ABSL-2	BSL-2	BSL-1	UN3373	
43	日本血吸虫	第三类	BSL-2	ABSL-2	BSL-1	BSL-1	UN3373	
44	山羊关节炎/脑脊炎病毒	第三类	BSL-2	ABSL-2	BSL-2	BSL-1	UN3373	
45	梅迪/维斯纳病病毒	第三类	BSL-2	ABSL-2	BSL-2	BSL-1	UN3373	
46	传染性脓疱皮炎病毒	第三类	BSL-2	ABSL-2	BSL-2	BSL-1	UN3373	
47	日本脑炎病毒	第三类	BSL-2	ABSL-2	BSL-2	BSL-1	UN2814(仅培养物)	
48	猪繁殖与呼吸综合征病毒	第三类	BSL-2	ABSL-2	BSL-2	BSL-1	UN3373	

209

序号	动物病原微生物名称	危害程度分类	实验活动所需实验室生物安全级别					备注
			a 病原分离培养	b 动物感染实验	c 未经培养的感染性材料实验	d 灭活材料实验	f 运输包装分类	
49	猪细小病毒	第三类	BSL-2	ABSL-2	BSL-2	BSL-1	UN3373	
50	猪圆环病毒	第三类	BSL-2	ABSL-2	BSL-2	BSL-1	UN3373	
51	猪流行性腹泻病毒	第三类	BSL-2	ABSL-2	BSL-2	BSL-1	UN3373	
52	猪传染性胃肠炎病毒	第三类	BSL-2	ABSL-2	BSL-2	BSL-1	UN3373	
53	猪丹毒杆菌	第三类	BSL-2	ABSL-2	BSL-1	BSL-1	UN3373	
54	猪支气管败血波氏杆菌	第三类	BSL-2	ABSL-2	BSL-1	BSL-1	UN3373	
55	猪胸膜肺炎放线杆菌	第三类	BSL-2	ABSL-2	BSL-1	BSL-1	UN3373	
56	副猪嗜血杆菌	第三类	BSL-2	ABSL-2	BSL-1	BSL-1	UN3373	
57	猪肺炎支原体	第三类	BSL-2	ABSL-2	BSL-1	BSL-1	UN3373	
58	猪密螺旋体	第三类	BSL-2	ABSL-2	BSL-1	BSL-1	UN3373	
59	马传染性贫血病毒	第三类	BSL-2	ABSL-2	BSL-2	BSL-1	UN3373	
60	马动脉炎病毒	第三类	BSL-2	ABSL-2	BSL-2	BSL-1	UN3373	
61	马病毒性流产病毒	第三类	BSL-2	ABSL-2	BSL-2	BSL-1	UN3373	
62	马鼻炎病毒	第三类	BSL-2	ABSL-2	BSL-2	BSL-1	UN3373	

附录 E 动物病原微生物实验活动生物安全要求细则(节选)

续表

序号	动物病原微生物名称	危害程度分类	实验活动所需实验室生物安全级别				f 运输包装分类	备注
			a 病原分离培养	b 动物感染实验	c 未经培养的感染性材料实验	d 灭活材料实验		
63	鼻疽假单胞菌	第三类	BSL-2	ABSL-2	BSL-2	BSL-1	UN2814(仅培养物)	
64	类鼻疽假单胞菌	第三类	BSL-2	ABSL-2	BSL-2	BSL-1	UN2814(仅培养物)	
65	假皮疽组织胞浆菌	第三类	BSL-2	ABSL-2	BSL-1	BSL-1	UN3373	
66	溃疡性淋巴管炎假结核棒状杆菌	第三类	BSL-2	ABSL-2	BSL-1	BSL-1	UN3373	
67	鸭瘟病毒	第三类	BSL-2	ABSL-2	BSL-2	BSL-1	UN3373	
68	鸭病毒性肝炎病毒	第三类	BSL-2	ABSL-2	BSL-2	BSL-1	UN3373	
69	小鹅瘟病毒	第三类	BSL-2	ABSL-2	BSL-2	BSL-1	UN3373	
70	鸡传染性法氏囊病病毒	第三类	BSL-2	ABSL-2	BSL-2	BSL-1	UN3373	
71	鸡马立克氏病病毒	第三类	BSL-2	ABSL-2	BSL-1	BSL-1	UN3373	
72	禽白血病/肉瘤病毒	第三类	BSL-2	ABSL-2	BSL-1	BSL-1	UN3373	
73	禽网状内皮组织增殖病病毒	第三类	BSL-2	ABSL-2	BSL-1	BSL-1	UN3373	

续表

序号	动物病原微生物名称	危害程度分类	实验活动所需实验室生物安全级别					备注
			a 病原分离培养	b 动物感染实验	c 未经培养的感染性材料实验	d 灭活材料实验	f 运输包装分类	
74	鸡传染性贫血病毒	第三类	BSL-2	ABSL-2	BSL-2	BSL-1	UN3373	
75	鸡传染性喉气管炎病毒	第三类	BSL-2	ABSL-2	BSL-2	BSL-1	UN3373	
76	鸡传染性支气管炎病毒	第三类	BSL-2	ABSL-2	BSL-2	BSL-1	UN3373	
77	鸡减蛋综合征病毒	第三类	BSL-2	ABSL-2	BSL-2	BSL-1	UN3373	
78	禽痘病毒	第三类	BSL-2	ABSL-2	BSL-1	BSL-1	UN3373	
79	鸡病毒性关节炎病毒	第三类	BSL-2	ABSL-2	BSL-2	BSL-1	UN3373	
80	禽传染性脑脊髓炎病毒	第三类	BSL-2	ABSL-2	BSL-2	BSL-1	UN3373	
81	副鸡嗜血杆菌	第三类	BSL-2	ABSL-2	BSL-1	BSL-1	UN3373	
82	鸡毒支原体	第三类	BSL-2	ABSL-2	BSL-1	BSL-1	UN3373	
83	鸡球虫	第三类	BSL-2	ABSL-2	BSL-1	BSL-1	UN3373	
84	兔黏液瘤病毒	第三类	BSL-2	ABSL-2	BSL-2	BSL-1	UN3373	
85	野兔热土拉杆菌	第三类	BSL-2	ABSL-2	BSL-2	BSL-1	UN3373	

续表

序号	动物病原微生物名称	危害程度分类	实验活动所需实验室生物安全级别				f 运输包装分类	备注
			a 病原分离培养	b 动物感染实验	c 未经培养的感染性材料实验	d 灭活材料实验		
86	兔支气管败血波氏杆菌	第三类	BSL-2	ABSL-2	BSL-1	BSL-1	UN3373	
87	兔球虫	第三类	BSL-2	ABSL-2	BSL-1	BSL-1	UN3373	

备注：
a. 病原分离培养：指实验材料中未知病原微生物的选择性培养增殖，以及用培养物进行的相关实验活动。
b. 动物感染实验：指用活的病原微生物或感染性材料感染动物的实验活动。
c. 未经培养的感染性材料实验：指用未经培养增殖的病原微生物或感染性材料进行的实验活动。
d. 灭活材料实验：指对灭活材料在采用可靠灭活方法的方法灭活后进行的抗原学检测、核酸检测、血清学检测和理化分析等实验活动。
f. 运输包装分类：通过民航运输动物病原微生物和病料的，按国际民航组织文件 Doc9284《危险品航空安全运输技术细则》要求分类包装，联合国编号分别为 UN2814，UN2900 和 UN3373。若表中未注明"仅培养物"，则包括涉及该病原的所有材料；对于注明"仅培养物"的感染性物质，则病原培养物按 UN3373 要求进行包装，其它的动物病料按 UN3373 要求进行包装；未确诊的动物病原微生物菌（毒）种或样本运输按照《高致病性动物病原微生物菌（毒）种或样本运输包装规范》（农业部公告第 503 号）进行包装。

213